Mannish & Sensitive

映画、小説、マンガ、アニメ……、どのジャンルでも
"強くてカッコいい女性"が出てくる作品が好き。
ただ、見た目がボーイッシュだから、
力が強いからというだけじゃなくて、敏感で賢くて、
内面もカッコいい女性。そんな人に憧れるし、
自分自身もそうありたい、と思っています。

CONTENTS

008 **Chapter 01**
BOY!!

018 **Chapter 02**
AKIRA LOVE XXX

026 **Chapter 03**
AKIRA changed Seven times...
花魁/侍/パールヴァティー/花婿&花嫁/ショーガール/死神

038 **Chapter 04**
works&holiday
model/actress/holiday/room/BAND"DISACODE"

044 **Chapter 05**
Snap! Snap! Snap!/AKIRA's STYLE

052 **Chapter 06**
PRIVATE
Cooking/FAMILY/HISTORY/Friends

060 **Chapter 07**
AKIRAS Beauty Method
BODY/FACE/MAKE-UP/NAIL/HAIR_ARRANGE

072 **Chapter 08**
For Girl
Sweet Girl/Cool Girl/HARAJUKU DATE MAP

078 **Chapter 09**
SUNSET WALK & NIGHT WALK

088 **Chapter 10**
About Myself
Work/Love/Band/Future&Message

092 **Chapter 11**
NAKED

102 **Chapter 12**
Q&A about AKIRA

108 CREDIT

110 SHOP LIST/STAFF

112 PROFILE

BOY!!
Chapter 01

大好きな街・原宿に繰り出して、AKIRA自らのスタイリングでファッションシューティング。ファッションのマイブームは黒に色をミックスすること。AKIRAの手にかかれば、めまぐるしい原宿の雑踏すらもおしゃれな差し色になるから不思議。

G.I.JANE

1997年に製作されたリドリー・スコット監督の映画。男女差別の問題や女性の生き方をクローズアップした話題作。主人公は、女優デミ・ムーア演じるジョーダン・オニール大尉。アメリカ海軍情報局に所属する彼女が、女性であるという偏見を覆し、地獄の訓練を戦い抜くさまを描いたストーリー。「強く生きる女性は好きだし憧れる。ジョーダン大尉の戦う姿や、男性から軽蔑されても頑張り抜く強さに感動した。何度も何度も繰り返し観ている、大好きな作品だし、大尉は憧れの人物」

Chapter 02
AKIRA
LOVE XXX

AKIRAの好きな人、モノ、本…etc.。普段から愛用しているお気に入りアイテムを大公開。意外かもしれないけど、物持ちがいいから、気に入ったものはずっといつまでも大切にしているタイプ。そんなMYコレクションの中から特に気に入っているものを紹介。

LEOPARD
レオパード

ヒョウ柄のアイテムはジャケットだけでも10着は持ってる。舞台『花咲ける青少年』で演じたのが白ヒョウ好きなコの役だったから、白ヒョウにもハマった！

1.黒メタリックなのが好き。インナーとしてちょい見せしているよ。タンクトップ／FOREVER21　2.色がキレイ！ サルエルパンツと合わせて着てる。カーディガン／SUPER LOVERS　3.ヒョウ柄のラインがいい。部屋着にしてる。／addidas　4.コラボでデザインしたんだ。ジャケット／SEX POT ReVeNGe　5.ファンのコからのプレゼント。紫のヒョウ柄はついつい着ちゃう。パーカ／不明　6.冬はコレをヘビロテ。フード付きカットソー／SUPER LOVERS　7.地味すぎるファッションのワンポイント的アイテムとして重宝してる。ストール／フリマで購入　8.夏はよく穿いてる。サンダルと合わせればインパクト大！ 変形パンツ／ALGONQUINS　9.チャラ男風ファッションには欠かせない！ ブラウス／SEX POT ReVeNGe

ACCESSORIES
アクセサリー

アクセサリーはインパクトがあって、ハデで目立つものが好き。シンプルな服にそういうアクセを重ね着けするのがAKIRA流。

1. ちょっと大人なデザインだから、いろんな服に合わせやすい！ チョーカー／GHOST OF HARLEM 渋谷店　2. シンプルな服にインパクトを出すときに着けてるよ！ リストバンド／monomania　3. ブラック×ゴールドの組み合わせが大人っぽくない？ チョーカー／monomania laforet 原宿　4. マンガ『HUNTER×HUNTER』の登場人物・クラピカみたいで、ひと目惚れ！ リング付きブレスレット／ALGONQUINS　5. 友達のブランド。オーダーメイドでオリジナルも作ってくれるよ。ネックレス／モンスターベリー　6. オフの日の必需品。メガネ／ALGONQUINS　7. イカつめのスタッズが付いてるから、シンプルな服に合わせてもパンクテイストに！ リストバンド／SEX POT ReVeNGe　8. 天使がかわいい。指先のアクセントに。各リング／monomania laforet 原宿　9. Fatima Designとのコラボ。ペアになれるよ♥ 各ペンダント／Fatima Design（金時原宿本店）

CAP&HAT
キャップ&ハット

オフの日は髪をセットするのが面倒だから帽子に頼っちゃう。あと、撮影前で髪をセットできないときによくかぶる！もちろんコーデが物足りなかったり、頭にアクセントが欲しいときにも便利なんだ。

1.ユルめのスーツコーデやお兄系コーデに合わせてる。ハット／不明 2.白ヒョウにひと目惚れ！スーツにも合うよ！ヒョウ柄ハット／KERA SHOP 3.シンプルだけどワンポイントにドクロがついてるのがおしゃれ！ハット／不明 4.ツノがインパクト大！物足りないファッションのときに便利☆ ツノ付きキャップ／不明 5.かぶると、ハデめカジュアルに！ROCKキャップ／tutuha 6.スタッズ使いがおしゃれでしょ？キャップ／DEAL DESIGN 7.赤チェックはカジュアルパンク系に合う！竹下通りで買ったよ 8.和テイストがカッコイイ！ハカマパンツに合わせても◎!! 和柄キャップ／不明 9.黒でキメたいときかぶると、頭にインパクトが出せるんだよね。ヒョウ柄キャップ／不明 10.メタリックでキラキラ☆ インパクトたっぷり！キャップ／SUPER LOVERS

SHOES
シューズ

靴って、ついつい買っちゃうんだよね。持っている靴を数えたら、サンダルも合わせるとなんと46足!! しかも物持ちがいいから、どんどん増えていくの……。だけど、おしゃれのため！まだまだ増やしていくよ！

1.ヒョウ柄で足元までおしゃれ!! ブーツ／ALGONQUINS 2.サンダルで厚底なのって、なかなかないよね！夏の愛用品。ハイカットサンダル／YOSUKE U.S.A. 3.カジュアルな服に合わせやすくてイイ！厚底スニーカー／YOSUKE U.S.A. 4.渋い赤が大人めパンクにピッタリ！編み上げブーツ／Asebee 5.ビビッドピンクで足元にインパクトをプラス☆ ベルト付きシューズ／YOSUKE U.S.A. 6.マーチンは一足は持っていたいアイテムだよね。カジュアルにもロックテイストにも合うよ。ブーツ／Dr.マーチン 7.サルエルやガウチョパンツにGOOD！夏のマストアイテム。サンダル／ALGONQUINS 8.シルバーのラバーソールは珍しい！しかも履きやすい！スキニーやボンテージパンツと合わせてるよ。ラバーソール／ALGONQUINS 9.メタリックスニーカーはハデめファッションのときにイイ！ハイカットスニーカー／VANS

BOOKS
ブック

本は、空いてる時間とかによく読んでるよ。でも、俺にとって、本を読むことは勉強なんだよね。だから、本にアンダーラインを引いたり、ノートに要点をまとめながら……って感じに（笑）。

1

2

3

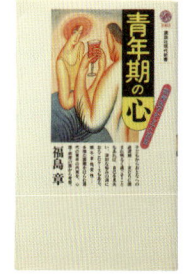

4

5

6

7

8

9

10

11

12

1.日本の民族音楽なんかもわかる本。面白かったー！『日本音楽がわかる本』（千葉優子著）　2.「死ぬ」ってことについて、考えさせられた。『死生観を問いなおす』（広井良典著）　3.いつ生まれたのか、とか、J-POPのルーツが載ってて勉強になる。『Jポップとは何か－巨大化する音楽産業－』（烏賀陽弘道著）　4.人はどう考えるのか……心の勉強デス。『青年期の心』（福島章著）　5.経済の本は好きで、たくさん買って読んでるよ。『日本経済の基本』（小峰隆夫著）　6.俺の大好きな織田信長。彼のスゴさがわかる！　『織田信長の生涯』（風巻絃一著）　7.武士たちが残した名言がたくさん！　気合いを入れたいときに読む。『武士道 サムライ精神の言葉』（笠谷和比古監修）　8.言語というものの使い方なんかがわかる。『言語の脳科学 脳はどのようにことばを生みだすか』（酒井邦嘉著）　9.ブッダの教えはめっちゃ楽しい！　ちょっとひねくれてるブッダが好き。『ブッダのユーモア活性術』（アルボムッレ・スマナサーラ著）　10.宗教によって違う死後の世界のイメージとかが超わかりやすかった。『東洋における死の思想』（吉原浩人著）　11.結構前に書かれた論文で、手に入れるのに苦労した……。『マス・イメージ論』（吉本隆明著）　12.神話の中では、北欧神話が一番好き！　これを読んで神様のイメージが変わった。『北欧神話物語』（K・クロスリィ-ホランド著）

KIMONO
きもの

和テイストは大好き！ 武士も好きだし、刀も好き。着物は、小さい頃からよく着ていて、大人になってからは、手持ちの服とMIXして着ることが多いかな。

1. これはお母さんからもらったお気に入り！ かわいい柄を活かすように、重ねて着たりしてるんだ。　2. 黒地にゴールドの刺繍が渋い！ 袴パンツに合わせるとカッコよくなるんだ。　3. オークションで買ったんだけど、ヒョウ柄の着物って……珍しくない？　4. 写真ではわかりづらいけど、スケスケなんだぜっ。ばあちゃんからもらったもので、PVでも着てるよ。　5. 街娘って感じのレトロ柄に惹かれて買った。　6. 羽織りと着物のセットは、中古を扱う着物屋さんで購入。ハデでかわいいんだよねー！　7. 黒無地の羽織り。超使いやすくて重宝してる。　8. 鮮やかな青がキレイ！ 黒のアイテムと重ねて着てるよ。　9. 帯は、コーデのアクセントになるから、ハデな色柄ものが好き♥

SUPPLEMENT&BATH SALT
サプリメント&バスソルト

入浴は最低1時間。だから、入浴剤は絶対使う！ ファンのコにもよくもらうから、毎日、日替りって感じ♪ 忙しい生活が続いているときは、サプリメントで健康をサポート。

1

2

3

4

5

6

7

8

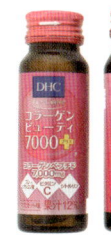
9

1.「プロ仕様」ってのに惹かれて、思わず買ってしまった……（笑）。『プロ仕様 溶岩浴エステ』 2. 舞台「戦国BASARA」で上杉謙信の役をやったら、めっちゃもらうようになった！『男の生きざまシリーズ 戦国武将 上杉謙信』 3. ソルトっぽい感じがお気に入り♪ 『ご褒美浴』シリーズ 4. 大好きな「ONE PIECE」キャラごとの入浴剤。俺のオススメは、エースのメラメラのやつ。『ワンピース キャラクター入浴用化粧品"悪魔の実シリーズ"』 5. ゼリー状のサプリは、おやつ感覚♪『スマートチャージゼリー デイブライト』 6.「プラセンタ」って……流行ったよね？（笑）。『1週間たっぷりうるおう プラセンタCゼリー』 7. サプリメントで足りない栄養は、このシリーズで補給！ DHCのサプリメントシリーズ 8. 化粧水のシートマスクは、1日のリラックスタイムとメイク前の肌の引き締めに。シートマスクいろいろ 9. お疲れモードのときは、ドリンクタイプをチョイス！ 撮影が続いているときに、よく飲んでる。左『DHC コラーゲンビューティ7000＋』、中『SHISEIDO ザ・コラーゲン』、右『KOSE ジンジャーコラーゲン』

Chapter 03
AKIRA changed Seven times...
―― 七変化 ――

AKIRAが見せる全く違う7つの顔。
さまざまな役を演じきる、AKIRAのバイタリティをご覧あれ……。

№.01
花魁 ―Oiran―

No.03
パールヴァティー
（ヒンドゥー教神話の女神）
―*Parvathi*―

No.04 花婿 —Groom—

No.05 花嫁 —Bride—

No. 07
死神 —Death—

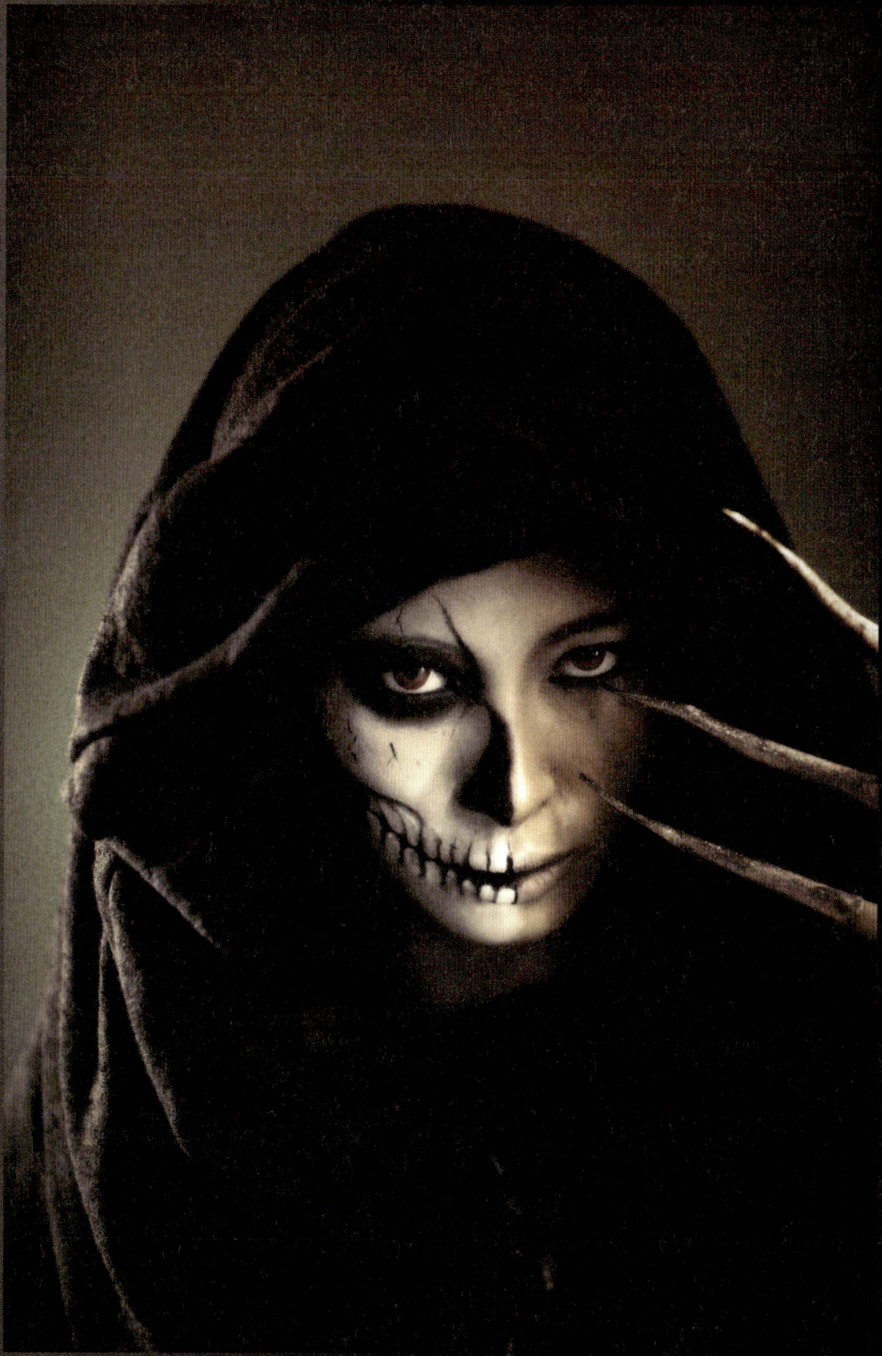

Chapter 04
works & holiday

モデルだけでなく、テレビ、ラジオ、舞台、イベントなど……
どれも順番をつけられないくらい大切な仕事。
どんなシーンでも"自分らしさ"を一番に考えて表現している。

model

1 Gothic&Lolita Bibleの撮影。顔を汚しまくった！ 2 SEX POT ReVeNGeのコラボジャケットの撮影、なう☆ 3 KERAの撮影中。みんなで記念撮影。 4 和服コーデで花魁に変身！ 5 SUPER LOVERSのカタログ撮影。ユニオンジャックもたまにはいいね。 6 米ちゃんの原宿kawaiiマガジンの写真。チェキで撮影したよ。 7 子供モデル時代。家族でピクニックの様子。子どもの頃に戻りたい！ 8 9 Dazzelの撮影で特殊メイクにチャレンジ。 10 バンタンの広告撮影。UKロックだね☆ 11 子どもモデル時代。お母さんとエプロンのモデルをしたよ。この頃は、ラブリーな女のコでした(笑)。 12 『花咲ける青少年』のパンフレット撮影中。バラに囲まれてみた。 13 バンタンの広告撮影。カラフルな服も似合うでしょ？ 14 BABY THE STARS SHINE BRIGHTのファッションショーのとき。左は翠ちゃん、中央はデザイナーの上原さんと。 15 翠ちゃんと記念撮影。馬と遊んだよ。

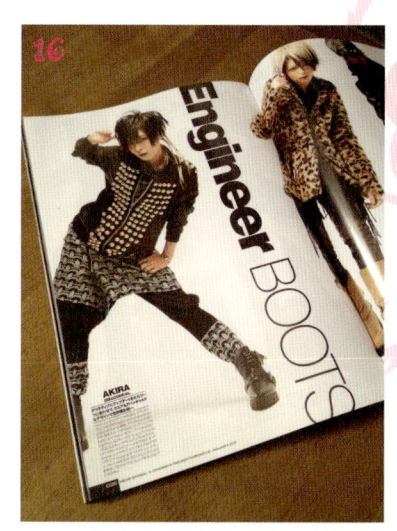

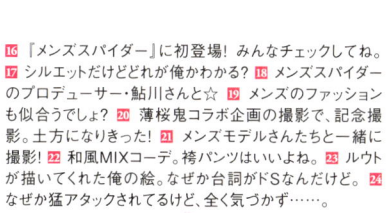

16 『メンズスパイダー』に初登場！みんなチェックしてね。
17 シルエットだけどどれが俺かわかる？ 18 メンズスパイダーのプロデューサー・鮎川さんと☆ 19 メンズのファッションも似合うでしょ？ 20 薄桜鬼コラボ企画の撮影で、記念撮影。土方になりきった！ 21 メンズモデルさんたちと一緒に撮影！ 22 和風MIXコーデ。袴パンツはいいよね。 23 ルウトが描いてくれた俺の絵。なぜか台詞がドSなんだけど。 24 なぜか猛アタックされてるけど、全く気づかず……。

AKIRA's Cover Collection

AKIRAが表紙になった雑誌いろいろ。

こうやってみると、意外とたくさんやらせてもらってるなーと実感。これからも表紙になれるように頑張るので、応援よろしくね！

Chapter 04 WORKS & HOLIDAY

actress
~TV・RADIO・PLAY ACT・EVENT~

1 水谷あつしさんこと「ダッド」。舞台『花咲ける青少年』のお父さん役。 2 ライブのときの楽屋にて。みんなで毛繕い。 3 ネットTV『東京妄想局』のロケ。ロリータの翠ちゃんとお花見。 4 ルドビコの桜木さんと。ピース!! 5 舞台『花咲ける青少年』のキャストメンバーと記念撮影。 6 前髪パッツン!　女子になってるでしょ? 7 映画『愛を歌うより俺に溺れろ!』の公開記念イベントの舞台裏。 8 映画『愛俺』の立て看板の前でパチリ☆ 9 『東京妄想局』の放送風景。 10 映画『愛俺』の福山監督と大野いとちゃんと。 11 TFMマンスリードラゴンの放送。『DISACODE』は2012年9月のマンスリーレギュラーだったんだよ。 12 ロケ中の1シーン。真剣に打ち合わせ中。 13 渋谷公会堂で行われたコスプレイベントに参加したよ。どこにいるか見つけてね☆ 14 『東京妄想局』のとき。翠ちゃんのボンネットを直してあげてるところ。 15 『東洋妄想局』のイラストコーナーではいろんな絵を描いたよ♪ 16 『東京カワイイTV』でロリータになった……♥ 17 『東京カワイイTV』で美ママになりきり!! 18 『東京カワイイTV』のときの新聞柄の衣装。かわいかったー。

holiday

休日は家で曲を作ったり、本を読んだり…、
たまに海外旅行へ行ってストレス解消&充電をしているよ!

paris
パリ

初めてのパリだったのでほとんど観光名所巡りしてた! めっちゃハードスケジュールでモン・サン・ミッシェル行ったり、ベルサイユ宮殿行ってみたり……パリ近郊の名所はとことん見てきたよ(笑)。でも俺が一番感動したのは「りんごのビール」と生ハムをはさんだフランスパン!

las vegas
ラスベガス

ラスベガスは豪華にもベネチアをイメージしたホテルに泊まった。水のショーを見に行ったり、グランドキャニオンも感動したなー!!
あとはカジノ(笑)。各ホテルにカジノがあって24時間遊べた! ショーとかも無料で見れるのもあって、寝る時間を惜しんで遊んだ!
街が華やかで映画の中の世界って感じだったなぁ。

new york
ニューヨーク

ハーレム地区のウィークリーアパートに宿泊して、ブロードウェイミュージカルを見に行ったり、ジャズバーに行ったり、ルイ・アームストロングの家?(博物館)を見に行ったり……と、音楽漬けの旅行だった!
思い出と言えば、アパートに帰る途中に雨がいきなり降ってきて、めっちゃダッシュしてたら、通り道のマンションの階段にいたおばちゃんが「STOP!!!」って叫ぶから何かと思ったら傘を貸してくれたの。スゲー嬉しかった。

room

外で遊ぶのも大好きだけど、部屋にこもって曲作ってるのも大好き!!

[19] デスク周りはこんな感じ! PC3台にiPad、キーボード、インターフェイスとかが並んでる。[20] アニメ『マクロスフロンティア』の尊敬するシェリル・ノームをはじめ、ファンのコが描いてくれたイラストなんかを飾っているよ。[21] アクセ類はまとめて、取り出しやすいように収納。[22] クローゼットの中。アウターとかの羽織りものはハンガーにかけて、インナーはブラケースに入れてる。[23] 読むのはノンフィクションものが多くて、小説とかは全然読まない。これ以外にマンガ用の本棚がある(笑)。

Chapter 04 **WORKS & HOLIDAY** 041

BAND
DISACODE

今、一番気合いを入れている
バンド「DISACODE」としての活動。
一つ屋根の下で暮らすほど仲がいいメンバーや
ファンのコたちとの交流も見せちゃいまーす！

MEMBER

AKIRA（Vo.）
だいち（G.）
シン（B.）
まーしー（Dr.）

BAND ITEM

バンド活動をするときに
欠かせないアイテム！

ベース
iPad
のどの漢方薬
ノートPC

1 O-WESTでのライブ写真。2 ツアーで北海道行ったときに撮ったプリクラ！ 美味なものいっぱい喰った！3 KERA SHOPにお邪魔してきたよ。4 群馬でライブやった！ 前入りしてメンバーでサファリパークも行ったよ！ 5 KERA SHOP大阪にはめっちゃお世話になってます♪ インストをやらせてもらった後の写真。6 DISACODEの雑談DVDぐだあこ〜どの収録！ 7 悲しいの歌ってるんでしょうね（笑）。8 夏のワンマン「百鬼夜行」のラスト。9 2012年のBDライブではパートチェンジ（当てぶり）をやったんだ。10 2012年BDライブ記念撮影!! 11 バンタン大阪校の生徒さんが作ってくれた衣装!! 12 Dr.まーしーはドラムのくせに目立ちたがり。13 ライブ後に……！ だいちがまーしーをおぶってるのすごいと思う。14 B.シンはメロンソーダ大好き。ファミレスにいくと絶対頼む。15 赤坂ブリッツ楽屋にて。カメラを向ければいつでもポーズまーしー。16 アー写の撮影! カメラマンはみんな大好きおのD〜！17 撮影前にチェック中のシン、だいち。同い年コンビは仲がいい！18 なぜか制服!!（笑）。そろそろ着れなくナンペ!! って採用したよ。19 Devil'n Bassさんのモデルをやらせてもらったんだ。こうやってみんなでできる仕事が増えるといいね！

携帯の加湿器

MTR（マルチトラックレコーダー）

歌詞ノート

DISACODEのバンドT

Chapter 05
Snap! SNAP! Snap!

おしゃれ番長・AKIRAの私服コーデを毎日撮りためた自分スナップを大公開。
いろんなファッションの着こなしテクをCHECKしよう！

黒×メタリックのコーデに、インパクトアクセをON!

ユルT&ベストの組み合わせは、一番ベタな私服スタイル

Tシャツ×ベストにストールを合わせたお手軽コーデ♪

ALGONQUINSのピンクパンツは、ひと目惚れで即購入

撮影日は着替えやすさ重視！袴パンツはお気に入り☆

シャツ×サルエルコーデも大好き!! ハットでカチッと

お気に入りのMIDASの白スーツでキメキメだぜっ

ALGONQUINSのタンクワンピにスキニーを合わせて♪

ジャケットスタイルに、メンズライクなハットをコーデ

長年愛用してるロングベストが主役の、ゆるファッション！

ALGONQUINSのシルバーパーカは着回し度バツグン☆

スキニーにダボッとしたニットはラクだし、かわいいよね

044　AKIRA　　　Chapter 05 **SNAP! SNAP! SNAP!**

monomaniaのパンツで、
ちょっぴり優等生なコーデ!

E hyphenのカーディガンは
カジュアルコーデにピッタリ

カジュアルっぽいけど、
シャツを合わせてしっかりめに☆

定番のパンクスタイルは
やっぱ好き。俺の鉄板コーデ

GLAD NEWSのトップスは、
大人めパンクに大活躍!

SUPER LOVERSのデニム
サルエルは着回し度No.1

SEX POTのパンツは
形もよくて色もいい感じ♪

ダメージ系のアイテムは、
オールシーズン着てるよ

monomaniaのインパクトTは、
着回しやすくて大好き

SEX POTのストール。
フードが付いててあったかい!

おぼっちゃまファッションは、
このジャケットが決め手!

ベストを重ねてストールを
巻いた、超ズルズルのコーデ

Chapter 05 SNAP! SNAP! SNAP!   045

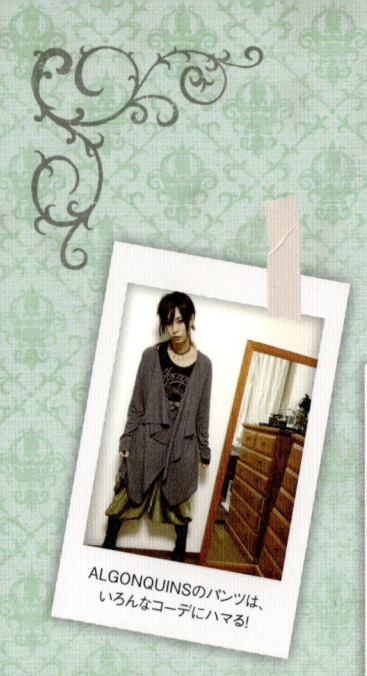

ALGONQUINSのパンツは、いろんなコーデにハマる!

ボーダーのカットソーは、一枚でキマるから便利だよね

夏にヘビロテしたヒョウ柄のパンツ。サンダルと好相性

SUPER LOVERSのヒョウ柄ニットは、色味が超好みー!

コレは超着まくってる! 色違いの白ヒョウも持ってるよ

ハデめパーカにジャケットを合わせるコーデもよくしてる

チャラくて好きなSEX POTのヒョウ柄シャツ!

SEX POTのパーカは、丈が長めで着回しやすいんだー

オフショルダーのアイテムはわりと好き。あとボーダーも

宇宙柄のはひと目惚れ! 1000円くらいだった即買いした

ハデかわな星とピンクのコンビパーカ。デニムと相性◎

このコーデは、女のコに着てもらいたいスタイルの一つ

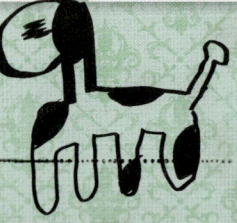

SNAP

SEX POTのワンピは、前後ろ好きに着られる優秀なもの！

THE ご近所お出かけ仕様！！(笑)

普段はゆるい感じが多いけど、たまにはこんなスタイルも

ベロア生地、大好き！フードにはネコ耳つきだよ☆

俺の定番。だいたいこんな感じでいることが多い(笑)

GOHST OF HAREMのロングニットは一枚でキマる！

ALGONQUINSカットソー×セクダイのジャケットコーデ

シンプルなときは、アクセやストールで盛るのがGOOD

UP-STAIRSで買ったトップスは、変わったデザインが◎

ジャージMIXのコーデは、カジュアルボーイ系にオススメ

黒のスキニーパンツに、カラーブーツを合わせるのも定番

ちょっぴりヤンキーテイストなファッションもわりと好き

Chapter 05 SNAP! SNAP! SNAP! 047

SNAP

シンプルコーデのときは、アクセをゴツくしたりしてるよ

最近、メタリックものは、見え方を少し抑えるようにしてる

カーキのアイテムは、大人めのボーイズコーデにハマる！

こういう柄のアイテム……わりと好きで買ってしまう(笑)

巻きスカートはボーイズにもガールズにも使えるから便利☆

SUPER LOVERSの十字架シリーズは、かなりヘビロテ♪

形もいいし穿きやすい。お気に入りのMIDASのカーキパンツ

tutuhaのスパンコールタンクは、ライブでもよく着てるよ！

ファー付きのフードは、もこもこしてて大好き♥

シンプルコーデには、スタッズのアクセでインパクトを！

このパンツは「忍者みたい！」って思って、2本購入(笑)

キラキラしてるパーカは、ひとクセあるデザインがGOOD

AKIRA☆☆

ハデ色プリントTを主役にする
ときは、他は抑えめにコーデ

GLAD NEWSのパーカは、
もう何年も愛用してる優れもの!

ヒョウ柄ジャケットは一枚で
キマるインパクトさが好き☆

チャラそうって言われる
白ヒョウのコートはGLAD NEWS

全身を黒にして、
カチッとキメるコーデも好きだよ

FOREVER 21のインナーは、
モデル仲間のゆらチョイス☆

着やすいスカジャンは一枚は
持っていたいマストアイテム!

ボーイズコーデのときによく
穿いてる、メンズもののパンツ

白シャツには、ネクタイか
インパクトのあるネックレス!

紫のSEX POTシャツ。チャラ男
系コーデにはいいよね(笑)

ストライプシャツにライダースで、
ちょっと懐かしめコーデ

AKIRA'S STYLE

AKIRAのマニッシュな魅力を織り交ぜた、ファッションポートレート。
自分スタイルのこだわりもご紹介。

AKIRA流コーデの定番は、レイヤードスタイル

パーカやカーディガンの上にジャケットを重ね着するのは、自分スタイルの定番。黒系のコーデのときは、大きめのアクセを一つ着けてポイントにするのがオススメ。モチーフや装飾でちょっとロックやパンクテイストをミックスするのがAKIRA流。今日はビョウ付きカーデ大人系ロックスタイル。

テーラードジャケット￥26,250（スリーバンプス）、総柄T￥12,600（ハザ）、ペイントスキニーパンツ￥16,800（アジル）、クロスペンダント￥33,600（ルート714）／全てヴィレッジ原宿、スタッズカーデ￥13,440（レジェンダ）／せーの

ロング丈アイテムを使って、縦長ラインを強調☆

トップスはインナーでもアウターでも長めのものを合わせると、スタイルがよく見えるから試してみてね。短めジャケットにロングのインナーを合わせるときは、裾のデザインに凝ってみるのもいいかも。今日はハズしでかぶりモノをして、さらに縦長をアピール。いつもとはひと味違った、弟キャラ。

ファーハット（グレー）¥15,540（スピリットフーズ）／メークリッヒ、ショートレザートレンチ¥51,450（AF）、ロングタンク¥7,350（ヤスユキエズミ）／ともにエル、その他スタイリスト私物

Chapter 06
PRIVATE

Cooking

意外に思われるかもしれないけど、料理は好き。
凝ったメニューもたまに作るけど、
冷蔵庫にある材料でぱぱっと作るのが得意だよ。
その中でも簡単に作れるレシピを紹介するから、
みんなも作ってみて!

ナスとオクラの ドライカレープレート

AKIRA's ADVICE!
ドライカレーは、お客さんに出すなら、生トマトの中身だけくりぬいて使って、トマトの外側を器ににしてもGOOD。

Let's★Cooking★

(材料) 4人分

- ひき肉　約300g
- オクラ　10個
- ピーマン　3個
- ナス　3個
- たまねぎ　1個
- トマト水煮缶 角切り　1/2缶
- カレーパウダー　適量
- ごはん　茶わん4つ分
- ガラムマサラ　適量
- レッドペッパー　お好みで
- サラダ油　少々
- コショウ　少々
- 固形コンソメ　2個

1 ナスは半月切りに、ピーマンはタネを抜いて長方形に小さく、オクラは5mm幅、たまねぎは食べやすい大きさに細く切る。

2 熱したフライパンにサラダ油をひいて、1の野菜を炒める。本当は、オクラは煮込む直前に入れた方が色がキレイにできるし、形がくずれないからベスト。でも、今回は時短料理にするために、一緒に入れたよ。

3 野菜に火が通ったら、ひき肉を入れてさらに炒める。木べらで混ぜながら炒めて、全体にある程度火が通って、ひき肉がばらつく程度くらいにする。

4 コショウ、カレーパウダー、ガラムマサラを入れて炒める。まんべんなく色がつくまで炒め続ける。

5 水煮のトマト缶を入れて、炒める。缶詰の代わりに、生のトマトを湯ムキして、角切りにして入れてもOK。コンソメを包丁の背中で細かく砕いて、鍋に入れて、全体に混ざるように炒める。

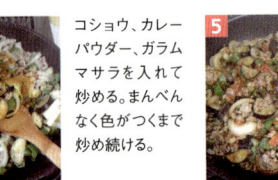

6 フタをして弱火～中火で5分から10分くらい煮込む。味見をして、トマトの酸味が抜けたらできあがり!強火だとこげてしまうので注意。お好みで、レッドペッパーを入れて辛さを調節する。ごはんと一緒にお皿に盛りつけてね!

鶏肉とバジルのイタリア風チーズ焼き＆和風ペンネ

Let's ☆ Cooking

Main dish
鶏肉とバジルのイタリア風チーズ焼き

(材料) 4人分
- 鶏もも肉　300g
- トマト　1個
- バジル　4〜5枚
- おろしニンニク　適量
- とろけるチーズ　大きな手でひと掴み
- コショウ　少々
- 塩　少々
- オリーブオイル　適量

1 食べやすい大きさに切った鶏肉にコショウ、塩、ニンニクで下味を付ける。

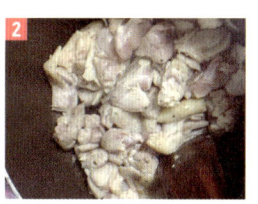

2 フライパンにオリーブオイルをひき、鶏肉を焼く。

3 鶏肉にアルミホイルをかぶせて火を通す。フタをしてしまうと、水分が多くなり過ぎるから、アルミホイルを使うのがベスト。

4 トマトとバジルを細かく切る。鶏肉が焼けたらその上に乗せる。

5 4の上からとろけるチーズを乗せる。

6 チーズがとろけてきたら完成！ペンネと一緒に皿に盛りつける。

Side dish
和風ペンネ

(材料) 4人分
- ペンネ　ひと掴み
- しらす　ひとつまみ
- 辛子明太子　1本
- 大葉　1枚
- こぶ茶　スプーン1杯

1 ペンネをゆでる。辛子明太子を一口大に切り、しらすとこぶ茶を加えて混ぜればできあがり！！大葉を皿にしいて、その上に盛りつけて。

AKIRA's ADVICE!
めんつゆやこぶ茶はマルチに使えるから常備しておくと便利だよ！あと、パスタをゆでたりしている間に何ができるかを考えるのがコツ。

Chapter 06 **PRIVATE**

AKIRA's FAMILY

フェレット好き
妹
母
可愛いものすき
酒好き 父
カメラ好き
じいちゃん

大好きな家族との思い出は、AKIRAの宝物。
これまでも、そして、これからもAKIRAを支えて応援してくれる、大切な存在。
そんな家族が知るAKIRAの素顔を教えてもらいました。

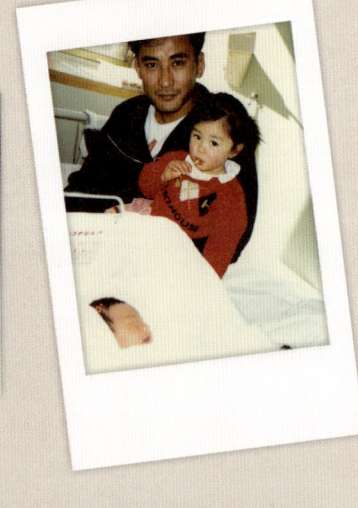

1	2	3
4	5	6
7	8	

1:家族でお揃いの服着て、本の撮影！モデルデビューだね(笑)。2:じーちゃんばーちゃんの家に妹と一緒に行った。3:妹が生まれたので、お父さんと見に行ったとき。4:愛犬ラッキーと海！5:アメリカ旅行で、本場のユニバーサルスタジオに行ったんだ！6:中国に旅行に行ったときに、妹とお父さんと！7:アメリカ・ヒューストンの宇宙センターに遊びに行った！子どもの頃は、家族でアメリカ旅行に行きまくってた。8:成人式！じーちゃんちに挨拶に。

Message From Family

家族に聞いたAKIRAのこと

おじーちゃん

1. 大変素敵です。今しかできない目覚ましいことなので頑張って。
2. とても聡明でかわいい子でした。
3. 2〜3歳の頃、外房で雑誌モデルの撮影に連れて行ったことと、初めてAKIRAのライブに行ったこと。
4. とにかく、行動力がある。
5. 何度も注意しているが、早口でよく聞き取れない。
6. 数年前だが、初めてしょげている姿を見た。
7. 舞台で立派に演じきったこと。
8. 女らしいころ。
9. もう立派に自立できる自慢の孫娘。
10. 豹。すばしっこいから。
11. 何事にも躊躇することなく、自信を持って突き進んで！

お父さん

1. 最近やっと慣れてきました。
2. 話し好きで、一日中よく喋ってました。
3. シャイなところがあって、ヤマハの発表会で客席から目を逸らして挨拶していたこと。
4. 寝る間も惜しんで仕事するところ。
5. 遅寝遅起。
6. 吊り橋、高い所が苦手。
7. 誕生日を覚えていてくれること。
8. 意外なところはないです。
9. 頑張り屋です。
10. 犬。人好きだから。
11. 感謝の気持ちを忘れず、体に気を付けて頑張りなさい。

お母さん

1. 最初は変わっていると思っていたけど、最近ではこれしか似合わないのでは、と思うように……。
2. 妹の面倒をよく見てくれる、優しいお姉ちゃん。
3. 害虫のくまねずみを、大切な家族の一員のペットとして飼ってしまったこと。
4. 自分にとって大変なことでも最後までやり抜くところ。
5. 早食い。
6. 大人になるまで炭酸とコーヒーが飲めなかった。
7. 仕事で帰りが遅いときはご飯を作ってくれていたこと。
8. とっても真面目です。
9. うさぎ。寂しがり屋だから。
10. 我が家の宝物です。未来を作るのは今の自分、夢に向かって精進してね。応援しています。

妹

1. 似合ってる。
2. 真面目。
3. 2階の窓から落ちた。
4. 頭がいい。
5. 支離滅裂ブレイン繊維。
6. 大人になってもサンタを信じていた。
7. クリスマスに枕元にプレゼントを置いてくれた。
8. かまってちゃん。
9. 変質者予備軍。
10. スカンク。髪型がスカンクっぽいから。
11. 頑張ってw

家族への質問LIST

1. AKIRAのヘアメイクやファッションについて、どう思う？
2. 幼少の頃のAKIRAはどんな子どもだった？
3. AKIRAとの忘れられないエピソードを教えて！
4. AKIRAがスゴイ！と思う部分は？
5. AKIRAに、ここだけは直して欲しいことやクセは何？
6. AKIRAに関する秘密を一つ教えて！
7. AKIRAにしてもらったことで嬉しかったことは？
8. AKIRAの意外な一面は？
9. AKIRAは、一言でいうと、どんな人？
10. AKIRAを動物に例えると何の動物？その理由は？
11. AKIRAへ、応援のメッセージ！

Chapter 06 PRIVATE

BABY ♡

Happy

AKIRA's HISTORY

この世に生まれてから、数年前までの選りすぐりのプライベート写真を大公開。
大好きな家族や友達に囲まれて、すくすくと元気に育ちました!

1:生まれました! 2月15日生まれ……軽かったらしいよ。2:歩いたー! 3:スピーカーの前で、ゴロゴロ遊ぶのが好きだったみたい。4:髪は、伸びるまでクセッ毛で大変だったらしい。5:完全にお母さんの趣味(笑)。6:この頃は、とにかく妹とお揃いの服を着せられてた。7:幼稚園のお遊戯会で、幼なじみのマーくんと白雪姫をやった。8:おねだりがスゴかったらしい……。9:覚えてないけど、何かの撮影用に買ってもらった服。10:とにかく、しゃべりまくってた時期。11:ピアノの練習中。ピアノは3歳から15歳まで習ってた。12:お祭り大好き! 13:大好きな雪の降った日に、お気に入りの帽子をかぶってた。14:オーディション用に、とお母さんが撮った写真。15:神輿を担ぐ! 16:養老渓谷! 妹が流されたことのある川。17:チェックのワンピは、何かの撮影用に買ってもらった服。18:「パイレーツ・オブ・カリビアン」好き! 19:七五三。20:品川女子学院に入学! 大好きだった愛犬のラッキーと! 21:中学のときの理科の先生に会いにディズニーランドへ! 22:幼なじみの妹と! 近所の人たちと食事会。23:中学の卒業式! 担任の先生と一緒に記念撮影♪ 24:オーディション用に撮った写真。でも、応募したら、雑誌が廃刊になった……。25:ディズニーランド in ハロウィンな時期。26:妹の一人暮らしの家に遊びに行くの巻! 27:高校の体育祭で、ロリータ組にされたとき……。28:高校のとき、ハワイで買ったスカートに合わせたくて。ハワイには、ホノルル・マラソンを走りに行ってた(笑)。29:avexアカデミーのときの授業ライブ。30:CONCOLDってバンドをやってたときのライブ。31:CONCOLDのライブ衣装。32:高校のとき、ジョニー・デップに憧れる……♥

Massage from Friends

AKIRAが尊敬し親愛なる人たちから見た、AKIRAについて。信頼しているからこそ見せるAKIRAの素顔を聞いてみました。

質問LIST
1. AKIRAのココがスゴイ！と思う部分は？
2. AKIRAの意外な一面は？
3. AKIRAってどんな人？
4. AKIRAを動物に例えると？
5. AKIRAへのメッセージ

Re:NO （モデル、ALDIOUSボーカル）

1.努力家。 2.甘えん坊♡ 3.ハデなw 4.人懐っこい猫。それは、人懐っこい猫だから。 5.何があっても、どーなっても、いつだってAKIRAの味方だぞ!! そしてズット愛してるよ!! 早くRe:NOに一軒家を建ててね♡

木村 優 （モデル）

1.生命力が強い！そして努力家! 2.ジョナサンかなんかで奢ったら「いいの♡ありがとう♡」と上目遣いで言われてAKIRAちゃんを初めて女の子としてかわいいと思いました。ww 3.ドS 4.スカンク。臭いとかそゆんぢゃなくて見た目♡ 5.これからもドSでスペクタルなAKIRAちんでいてね♡

青木美沙子 （モデル）

1.才色兼備ですべてがパーフェクトすぎる!!! 欠点がなさすぎるところがスゴイ!!! 女性として憧れる存在です。 2.お料理が本当に上手なところ！前にAKIRAちゃん家にお泊りに行ったときぱぱっと手料理を作ってくれて感動！イメージが男前だからお料理上手っていうのにギャップ萌えでした。 3.女の中の男前!!! 女の子がキュンキュンすることを平気で言ってくれたりやってくれたり……今、そんな男性もなかなかいないので!!! 4.ライオン。サバンナの王様みたいに常に仲間をまとめる中心であり、カリスマ的な存在のライオンがAKIRAちゃんに似てると思います。 5.カッコいいのにかわいくてすべての女子の憧れだよーー(＾＾) これからもずっと女のコをキュンキュンさせる女のコ代表でいてください！ずっとついていきます!!

翠 （モデル）

1.チャラそうに見えて20分前行動。 2.チャラそうに見えて料理上手。 3.チャラそうに見えて男気溢れるいい女。 4.ドーベルマン。強いけれど飼い主には従順だから。 5.いつもいつも、わがままな私を甘やかしてくれてありがとう。行動がチャラいので普段は邪険に扱っているけど、王子様なAKIRAちゃんと出逢ってから……、そして、これからもずっと大好きだよー♡

小林裕幸
（CAPCON「戦国BASARA」シリーズプロデューサー）

1.舞台「戦国BASARA2」で御一緒させていただきました。今回、殺陣が初めてで大変苦労されていましたが本番までにばっちり殺陣ができていたのでスゴイ努力家だと思いました。2.カッコいい見た目とは違う乙女なところかな？ 3.真面目で礼儀正しい人。4.カッコいい猫。猫の気まぐれさとかわいさを兼ね備えているかなと？ 5.歌にモデルに舞台と大活躍ですが身体に気をつけて頑張ってください!!

久保田悠来
（俳優）

1.厚底 2.乙女 3.舎弟 4.海豚。顔が。5.謝謝

広瀬友祐
（俳優）

1.間違いを間違いと認めないところ。えり足。2.意外に女子。3.人ぢゃない。4.動物ぢゃない。5.ムスターファって呼ぶのやめて！

山崎真実
（タレント、女優）

1.付き合いがよくて聞き上手なとこ、あとそこまでっていうぐらい猫になつかれないとこ(笑)。2.意外かわかんないけど、めちゃ乙女。3.思春期の女の子。4.アリ。いつも休みがなくて動いてるから。5.AKIRAちゃんのライブに行ってみたい。

Lily
（アーティスト／モデル）

1.撮影で撮られているときはもちろん、スタジオ入りする時からカッコいいところ！ AKIRAくん×ライターさんとのおしゃべり中の聞き耳情報によると最近、美容グッズが充実しているらしいですよ！ AKIRAくんを男のコだと信じ続けていたいリリィ的には、複雑です…。(笑) 3.好きなひと！(笑) 4.ヒョウ。しなやかつ、鋭い目線で狩る感じ！ 5.読モになりたての頃、「リリィちゃん！」と優しく気さくに話してくれて、すごく嬉しかったです。読者の頃から憧れで、今は素敵な読モの先輩であり、ほんとの男子よりも紳士なそのカッコよさに恋しております！ これからもたくさん撮影で一緒に、もっともっと仲良くなりたいな(＾＾)スタイルブック発売、おめでとう！

矢沢洋子
（アーティスト）

1.自己プロデュース力が半端ないと思う！ ビジュアル面もそうだし、バンドの見せ方も！ 憧れます。2.意外なのかはわからないけどマメだなと。ブログとか頻繁に更新してるから。3.姉御キャラ。男にも女にももてそう。あっひと言っちゃないや(笑) 4.黒豹。もう見たまんま(笑)。5.『ガチャリックスピン』のサポートVo.として呼ばれて出会ってというのが始まりの私たちですが、その後もイベントで一緒になったりとAKIRAちゃんとはご縁があるように感じています！ これからも音はもちろんだけどいろいろなモノを通して、より仲を深め合えればなと思ってます。あと個人的には飲みにいきたいな。

古原靖久
（俳優）

1.女なのに、女っぽさが全くないトコ。あ、褒めてます。2.そんなAKIRAがカジカ(←字忘れた。)とゆー純粋な女の子を演じれたコト。と、ゆーコトはAKIRAにも女子の部分があるとゆーコト。そんなトコ。3.カッコいいチンパンジー。4.だからチンパンジー。もはやチンパンジーにしか見えないから。5.ちゃんと歌詞覚えろよ。あ、服とかアクセとかサルエルありがと☆ サルエル、部屋着として大活躍してるぜ♪ あっ！ NHK「あさイチ」見てください☆

Chapter 07

AKIRA's Beauty Method

スッキリとしたフェイスラインや
スレンダーボディを保つための、AKIRA式メソッドをご紹介。
愛用のコスメやエクササイズを伝授します。

BODY Beauty Method

体はあんまり柔らかい方じゃないから、
ストレッチは苦手。でも、筋トレと、
エステ用マッサージ器を併用して、
毎日のこりや疲れをほぐしているよ。

Care Item

（左から）L'OCCITANE SHボディクリーム ウルトラリッチボディクリーム リッチシアバター、フランシス・マーフィー オーガニック マッサージオイル（手＆脚用）、HERBAL OIL カモミール/ホホバ（化粧用油）、Nail Nail ボタニカル ネイル トリートメントオイル（爪化粧料）、Pure Smile JEWELRY SCRUB サファイヤ GLITTER SUGAR SCRUB

ボディケアマシーン BONIC

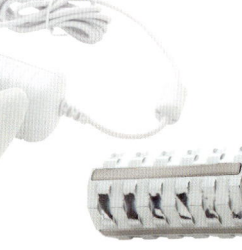

Prona ゲルマニウムローラー

Body Care Exercise

上半身に効くポーズ

01

床に座ってまっすぐ背筋を伸ばしてあぐらをかく。このとき、骨盤を立てるような気持ちで座るのがベスト。片腕をまっすぐ耳の横に伸ばして、息を吐きながら逆方向にゆっくり倒す。反対の腕はヒジが直角になるように床につける。

02

ゆっくりと身体を起こして、反対側も同様に行う。このとき、上半身が前に倒れてしまったりするのはNG。まっすぐ横に伸ばそう！脇が伸びて気持ちいいよ！慣れたら1と2を交互に10分くらいやってみて。

ヒップアップ＆下半身に効くポーズ

01

片足のヒザを90度に曲げて床につき、その反対側の手もしっかりと肩の真下につく。指は前を向くように置くのがポイント。反対側の足と手をまっすぐ前後に伸ばす。それぞれ前後に引っ張られるような気持ちで、床と平行になるようにぐっと伸ばす。顔は正面を向いて、10秒間キープ。

02

床につく手と足、伸ばす手と足をそれぞれ交代して、同様に行って、10秒間キープする。このとき、背中が曲がってしまったり、首が上を向き過ぎたり下を向き過ぎるのもNG。床が硬くて痛いときは、ヨガマットなどを使うといいよ。

Eye Care Exercise 01
目に効くエクササイズ①

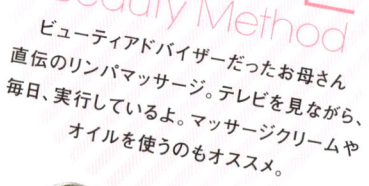

FACE
Beauty Method

ビューティアドバイザーだったお母さん直伝のリンパマッサージ。テレビを見ながら、毎日、実行しているよ。マッサージクリームやオイルを使うのもオススメ。

01 　*02*
03　*04*

1:両手の中指の腹で、目頭の横、鼻の付け根のところを軽く押す。2:1の位置から小鼻の横までを指を滑らせ、なぞるように軽く押す。3:2の位置から法令線に沿って、アゴの下まで指を滑らせてなぞるように軽く押す。4:頬骨を親指と中指で挟むようにして、こめかみまでの骨に沿って、指を滑らせながら軽く押し、最後は首の方へ流す。このまま首のマッサージ(Neck&Face Line)を続けるのがベスト。

(左から)セピレ ナチュラルドクダミスキンローション(化粧水)、PRIVIA パーフェクトマジックピーリングジェル、ESTÉE LAUDER Advanced Night Repair SRコンプレックス(美容液)

Eye Care Exercise 02
目に効くエクササイズ②

01 *02*
03 *04*
05 *06*

1:両手の中指の腹で、目頭のすぐ下の骨を軽く押す。2:1の位置から、下の骨に沿って目尻へスライドさせるように、指で軽く押しながらなぞる。3:2の位置からこめかみまでなぞったら、両手の親指でこめかみを軽く押す。4:両手の親指のはらで、目頭のすぐ上の骨を軽く押す。5:4の位置からアイホールの骨に沿って、目尻に向かって親指で軽く押しながらなぞる。6:両手の親指の腹で、目頭のすぐ上の骨を軽く押し、最後は首の方へ流す。このまま首のマッサージ(Neck&Face Line)に続けるのがベスト。

Neck&Face Line Exercise
首とフェイスラインのエクササイズ

01 *02*
03 *04*
05 *06*

1:耳の下とアゴの骨の境目辺りを、両手の中指の腹で軽く押す。2:1の位置から指を滑らせるように、両手の中指で鎖骨までのラインをなぞる。3:反対側も同様に、耳の下とアゴの骨の境目辺りを、両手の中指の腹で軽く押す。4:3の位置から指を滑らせるように、両手の中指で鎖骨までのラインをなぞる。5:指を上下に動かしながら、アゴ下を奥から前に弾くようにタップする。6:5を両手で交互に行う。

MAKE-UP
Method *BASE*

セルフメイクのハウツーを
ベースからアレンジまで紹介するよ。
これをマスターしたら、クールで
凛々しいAKIRAフェイスになれるかも?!

AKIRA's
Beauty
Method

How to Make

Cosmetics For Base

A／CANMAKE コンシーラーファンデーション UV 02　B／ナノーチェ BB ミネラルパウダー ＜仕上げ用フェイスパウダー＞　C／ソフィーナ プリマヴィスタ カサつき・粉ふき防止 化粧下地 SPF15・PA++　D／カルディナーレ カラーマッチングコンシーラー 01　E／Pure Smile キウイ POINT PADS

Before

01 洗顔後に化粧水などで肌を整えた後、冷蔵庫で冷やしたポイントパッド（写真E）をつける。

02 下地（写真C）を手の甲にあずき大に出し、指で顔全体に薄く塗る。

03 クリームファンデーション（写真A）を指にとり、鼻の横から外側に向かって薄くムラなく塗る。

04 コンシーラー（写真D）を筆にとり、クマやシミなど気になる部分を隠す。

05 パフにフェイスパウダー（写真B）を少量とり、押さえるようにしてたたく（まぶたもしっかりと！まぶたに水分が残っているとシャドウが落ちやすくなるから注意！）。

Chapter 07 **AKIRA'S BEAUTY METHOD**

EYE MAKE-UP Method

Cosmetics For Make

A／エム・エス・エイチ EYES CREAM ダブルマスカラ ロング マスカラ&ベース　**B**／エム・エス・エイチ EYES CREAM リキッドアイライナー BC（ブラックコーヒー）　**C**／VISEE シャープペンシル アイブロウ BR300（ブラウン）　**D**／SHISEIDO マキアージュ トリートメント ラスティングコンパクト UV オークル10　**E**／MAYBELLINE ラスティングドラマ ジェルライナー BK-1（ブラック）　**F**／MARYQUANT カラーアイシャドウ 8色（ホワイト・ライトブラウン・ブラウン・ブルー・ブラック・レッド・パープル・ピンク）　**G**／CANMAKE MIX EYE BROW 03 ＜まゆずみ＞

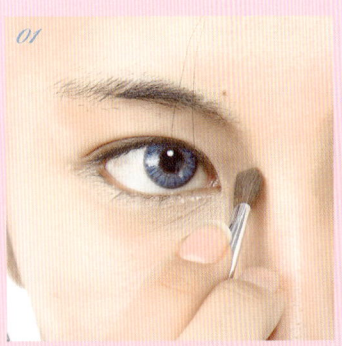

01
ブラウンのパウダーアイブロウ（写真G）を筆にとり、眉山を決めたらそこから一気に眉毛を眉頭に向かって描き、さらにそのまま眉頭から鼻の横に向けてノーズシャドウを入れる。

02
ブラウンのアイシャドウ（写真Fのライトブラウン）を筆にとり、眉頭と目頭、鼻の間に三角形を描くようにシャドウを入れる（三角形にのせることが大切!）。

03
ペンシルアイブロー（写真C）で眉山までシャッシャッとラインを引いて整える。眉の下側だけ眉頭から眉尻までラインを描く（上側は描かない。下だけなのが自然に見せるコツ）。

04 パールの入ってないブラウンのアイシャドウ（写真Fのライトブラウン）を筆にとり、アイホールに薄く塗る。

05 チップにブラウンのアイシャドウ（写真Fの濃いブラウン）をとり、下まぶたのキワに2～3mm幅で塗る。

06 ジェルアイライナー（写真E）を筆にとり、まつ毛の間を埋めるように上まぶたのキワにラインを引く。

07 ジェルアイライナー（写真E）を筆にとり、下まぶたの粘膜とまつ毛の間を埋めるようにラインを引く。

08 ブラウンのアイシャドウ（写真Fの濃いブラウン）をチップにとり、6と7のジェルのラインをぼかすように上下まぶたに塗る。

09 リキッドアイライナー（写真B）で上下のまぶたのキワに丁寧にラインを引く。

10 リキッドアイライナー（写真B）で目尻の上下のラインを繋げ、隙間を埋めるように塗る。

11 下まつ毛にだけマスカラ下地とマスカラ（写真A）をしっかりとつける（少女マンガに出てくる男のコって下まつ毛が長いでしょ？上も塗ると女子っぽくなるから要注意。少年風にするなら目尻だけ付けてもOK）。

12 仕上げにブラウンのアイシャドウ（写真F）とファンデーション（写真D）を筆で軽くまぜ、輪郭とおでこにシェーディングする。

Point!! マスカラは下だけにした方が、キリッとBOY風になるよ。カラコンはベースメークの前か後に入れるのがGOOD！

Arrange Make

P64-67の基本メイクにちょこっと手を加えて、ゴシックやパンクスタイルに合わせやすい、濃いめのメイクにしてみたよ。

01
黒のアイシャドウ（P67の写真Fのブラック）をチップにとり、目の周りを囲むように塗る。

02
ブラウンのアイシャドウ（P67の写真Fの濃いブラウン）をチップにとり、1のように塗る。

03
ジェルライナー（P67の写真E）を筆にとり、目頭が下に切れ込むようなイメージで下まぶたにラインを引く。

NAIL Beauty Method

ネイルアートをいつもお願いしているのは、ネイリストのなかやまちえこさん。俺のイメージやファッションに合わせて、ロックな感じのデザインを考えてもらってるんだ☆

HAIR
Beauty Method

スタイリング前のヘアスタイルを大公開☆
片サイドの耳の横の毛は刈り上げ。
しっぽみたいに長いえり足は
AKIRAのトレードマークだよ。

Side

Back

Hair Cut

後頭部から前髪、顔周りはフェイスラインに沿ってシャギーを入れてカット。片サイドは刈り上げになってるけど、その上側の髪の毛を短く切り過ぎちゃったから、実はエクステをつけてるんだ。後ろはえり足だけ残して、ショートカット風にカット。えり足はよく「エクステ?」って聞かれるけど、地毛なんだよね。えり足の半分を自分で金髪にしたから少し色がムラになっちゃった。このえり足は自分のアイデンティティだから、気に入ってるよ。

Hair Styling

01 アイロンで顔周りをしっかりストレートにしたら、毛束を少しずつとって持ち上げながらハードスプレーで固める。その後、コームで根元に逆毛を立てる。

02 ハードワックスを軽く手のひらにとって指に馴染ませたら、毛先を指でつまむようにしながら毛束を作って筋を作る。

03 トップが高くなるように全体の形を整えたら、ハードスプレーを全体にかけて形をキープ。

愛用スプレー
SPIKY スタイリングスプレー ウルトラハード

できあがり!

Chapter 07 **AKIRA'S BEAUTY METHOD**

HAIR ARRANGE

10年以上通っているヘアサロン「BLANCOカジュアル原宿」の
デザイナー・城田悦子さんと一緒に、アレンジヘアスタイルを考えました!

Side

Back

Rock Style

シャツスタイルや、クールでカッコイイ系のスタイルにオススメのヘア。ちょっとハードな感じがいいよね。

How to Arrange

01 片サイドの刈り上げの上側の髪の毛を2本の毛束にしてとり、後ろに向けてねじり合わせる。

02 ①のねじり終わりに後ろから前に向けてUピンを刺し、毛束を髪にとめる。さらにアメピンを2本くらい刺してしっかり固定する。

03 ②のねじりを3本のラインになるように作る。

04 トップは前に流し、③と逆サイドはアイロンで毛束を作って、ハネ感を出す。クレイ系のハードワックスを少しとって両手に馴染ませてから、毛先に揉み込み、毛束に束感が出るようにクセづける。

AKIRA'Sお気に入りヘアサロン

BLANCOカジュアル原宿
東京都渋谷区神宮前4-25-9 b-town神宮前C棟 ☎03-5413-8451
http://www.blanco.co.jp
【営業時間】平日/12:00-22:00　土日祝/10:00-20:00
【定休日】毎週火曜日/第3月曜日

AKIRA風のボーイッシュなスタイルはもちろん、各人に合った流行のヘアスタイルやカラーを丁寧にアドバイスしてくれる。AKIRAイチ押しの人気ヘアサロン。

2階建ての広々とした店内で個性派スタッフが、ヘアの悩みやスタイリングのアドバイスをしてくれます。

デザイナーの城田悦子さんとはもう10年近い付き合い☆「いろんなAKIRAを知っている人。とっても信頼しています」by AKIRA。「初めて会ったときの彼女は、黒髪ロングの美少女でした。最初からとても話しやすくて、すぐに仲良しになりました」by 城田さん。

Side

Back

カジュアルでさわやかな雰囲気のヘアスタイル。BOYS系のファッションによく合うよ。

Boys Style

How to Arrange

01 髪が乾いた状態で、えり足を三つ編みする。毛先まで編んだら、ゴムで結ぶ。

02 1の三つ編みを根元に巻きつけるようにえり足でくるくると巻き、Uピンでとめる。さらにUピンをアメピンで固定する。

03 ドライヤーで根元を立ち上げるようにしてボリュームを出す。さらに26mmのコテを使って、トップに軽くボリューム出す。

04 こめかみと顔周りに26mmのコテで外ハネを作る。柔らかいワックスを毛束に少し付け、全体にハードスプレーをかけてキープする。

Chapter 07 AKIRA'S BEAUTY METHOD

Make-Up

ほんわかピンク系のメイクで、アイメイクはたれ目が好き。肌の色は白くて柔らかい感じが出ているといいかな。

Hair Style

好きな髪型の一番はやっぱりポニーテール！ツインテールほど甘過ぎないし、なんと言ってもうなじがGOOD。

Fashion

白ニットの女子はなぜか萌える♡ 女のコってフニフニで柔らかいから、白ニットでふわふわ感を倍増して欲しい！デートをイメージしたMYコーデは、カジュアルめのBOYSスタイル。メガネをかけて、ちょっぴり知的にしてみた。

{Sweet Girl}
which AKIRA loves

妹系の女のコならほわっとした感じがいい。「もぉ♡」とか言われたい（笑）。甘え上手なコを、最大限甘やかしたい。もちろんロリータちゃんも大好きだよ。

Chapter 08
For Girl

AKIRAがイメージする、理想の女のコとは……。
素敵な女のコのイメージして、
モデル仲間でお友達の翠ちゃんをAKIRAがプロデュース!
AKIRAに想いを寄せるすべての女子に捧げる、
AKIRA'S 妄想ワールド!!

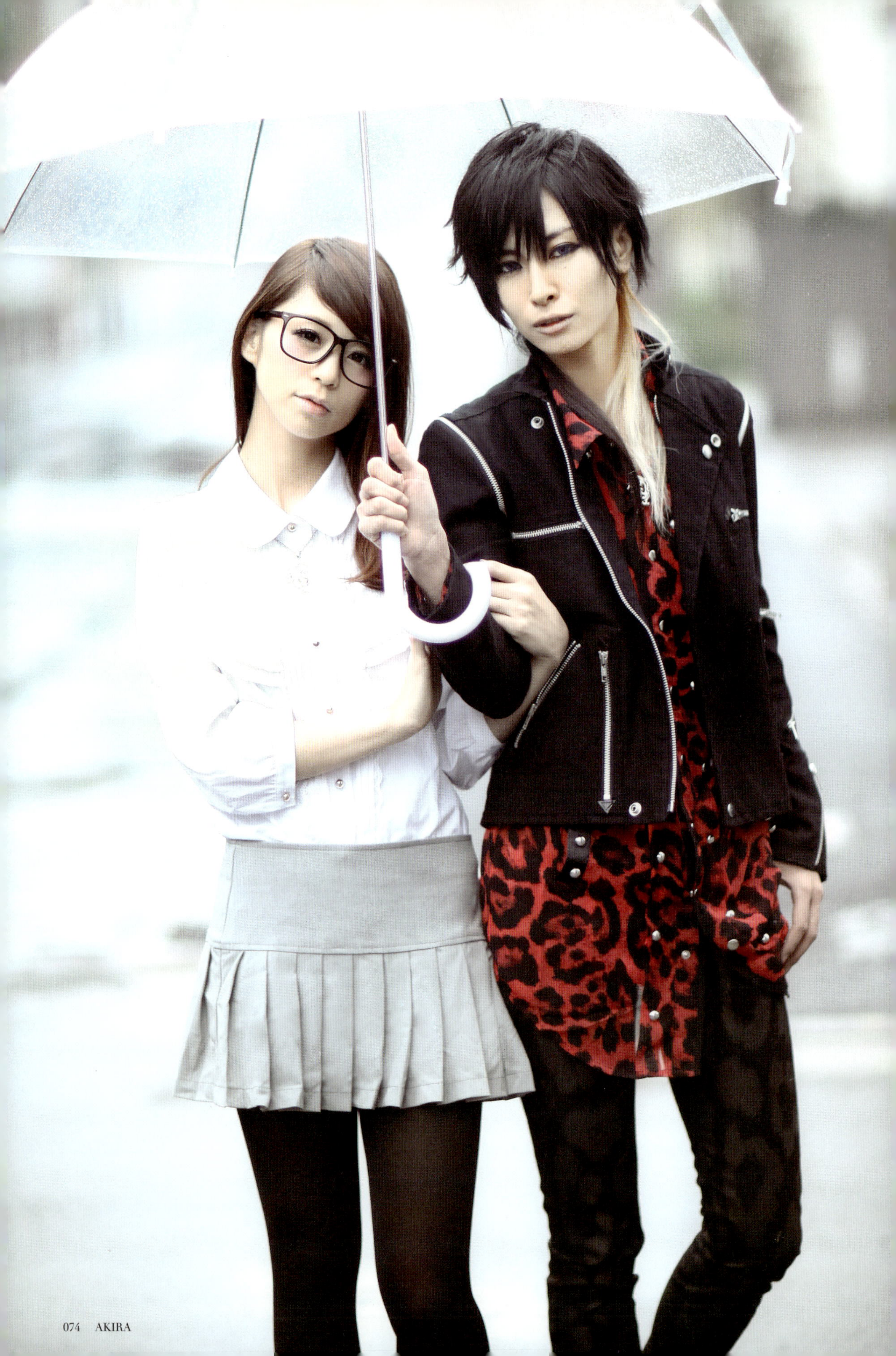

{Cool Girl}
which AKIRA loves

お姉さん系の女のコには、とにかく甘やかして欲しい。「しょうがないわねぇ♡」とか言われたい。転がされて、褒めて伸ばして欲しいっていうのが理想。

Make-Up

基本的にナチュラルメイクで、ハデなのはNG。モテ系のOL風のメイクが理想かな。

Hair Style

斜めに流した前髪がいい！ 後ろ髪は普段は結ばなくって、ラーメンを食べるときとかにかき上げる仕草がセクシーで萌える♡

Fashion

白いブラウスはエロくていいよね。あと、だてメガネは必須！ タイトスカートも大好きだよ♡ デートのときのMYファッションは、ちょっとやんちゃにVホス系。OL風な彼女とのギャップに、スキャンダラスな雰囲気が出てるでしょ？

ALGONQUINS ラフォーレ原宿
アルゴンキン ラフォーレハラジュク

大好きだし、モデルとしてもとってもお世話になってるブランドさん。ALGONQUINSの服は合わせやすいアイテムがいっぱいあるし、2WAY、3WAYになるアイテムが多いから、お得なんだよね。特にパンツのデザインがよくて、いろいろ持ってる。バッグも全部ALGONQUINS。バッグはポケットとかがいっぱいで収納しやすくて使いやすい。とにかく超オススメ!

店長の三浦さんとショップスタッフの岩見さん。

ショップスタッフの大園さん。

プレスルームに行くことが多いけど、原宿に来たらラフォーレのショップに遊びに行くよ。

SHOP DATA
ALGONQUINS　ラフォーレ原宿
☎03-3479-8510
住所:東京都渋谷区神宮前1-11-6
ラフォーレ原宿　B1F

HARAJUKU

原宿は大好きな街。買い物したり散歩したり、仕事で撮影をしたり……。今日はおしゃれ好き

BABY,THE STARS SHINE BRIGHT本店
ベイビー、ザ スターズ シャイン ブライト

去年の9月にオープンしたばかりの原宿にある本店に行ってきたよ! BABYは、理想の女のコに着てもらいたいブランドで、店員さんも超かわいい♥ そして店内はとにかく甘ーい! BABYは、ファッションショーに出させてもらったり、コラボアイテムを作らせてもらったりしてるんだ。ロリータちゃんとのデートコースにはマストなお店だね。

とにかくかわいい服がいっぱい! モデルの仕事でBABYを着るときもあるけど、普段、俺が着るなら、ALICE and the PIRATESの王子様っぽいラインのやつがいいかな。

スタッフのりんちゃん。見た目も声もかわいかったー♥

SHOP DATA
BABY,THE STARS SHINE BRIGHT本店
☎03-6434-1382
東京都渋谷区神宮前6-29-3 原宿KYビル2F

アップ ステアーズ
UP-STAIRS

キャットストリートにある、パンク系のセレクトショップ。とにかく置いてあるアイテムがカッコイイ。店内には、パンクやロック、カジュアル……と、いろんなジャンルのインパクトあるアイテムが多いから、行くと必ず買っちゃうんだ。アクセサリーから洋服、小物まで揃ってるから、コーディネイトの幅が広がるね！

おしゃれでカッコイイスタッフさんが相手してくれるのも、ここに行く楽しみ☆

店内はどこを見ても欲しいものがいっぱい！ハデでかわいい！

SHOP DATA
UP-STAIRS
☎03-5466-0866
東京都渋谷区神宮前6-16-7
美竹ビル101

セックス ポット トウキョウ
SEX POT TOKYO

ハードめなコーディネイトをしたい人にオススメのブランド。ボーイズ系コーデに使いやすいアイテムがたくさん揃ってるよ。オリジナルブランドのSEX POT ReVeNGeは、高校時代から愛用していて、今も大好き。Tシャツやカットソーは襟ぐりが広いデザインのものが多くて着やすい。プリントTの種類がいっぱいあるのもいい!!

店長のLENちゃん。話を聞くとついつい欲しくなっちゃう。

店内にはアクセも充実！ディスプレイは全身コーデになってるから参考になるよ。

SHOP DATA
SEX POT TOKYO
☎03-3403-1702
東京都渋谷区神宮前1-9-29
FLEG HARAJUKU B1

DATE MAP

女子とで原宿でデートをするのにオススメの、原宿にあるお気に入りショップを紹介するよ。

ナチュラル グルメ ストア
natural gourmet store

キャットストリートにあるガレット屋さん。いろんな種類のガレットがあって、店内でもテラス席でも食べられる。店内のインテリアは超凝っていてとにかくおしゃれ。テイクアウトもできるから、俺はいつもテイクアウトして、外で食べてるよ。好きなメニューはお食事系生ハムのガレット。超おいしい！

キャットストリートに出てる看板が目印。価格も手頃だよ。

バナナと生クリームとチョコのガレット。デートのとき、女のコにごちそうしてあげたい♥

SHOP DATA
natural gourmet store
☎非公開
東京都渋谷区神宮前5-25-8

サクラテイ
さくら亭

裏原宿にある老舗のお好み屋＆もんじゃのお店。高校生のときから通っている大好きなお店なんだ。ランチは学生には優しい値段で、お好み焼きともんじゃの食べ放題で2000円！俺が好きなのはキムチとかチーズが入っているもんじゃのメニュー。トッピングをしてガッツリ食べると元気になるんだよね。

単品でもいろいろなメニューがいっぱい！2000円でお好み焼きともんじゃの食べ放題コースがオススメ。

さくら亭オリジナルお好み焼きのさくら焼き。豚バラ肉、えび、いか、ねぎ、卵ほか、具材も豪華なんだ。

SHOP DATA
さくら亭
☎03-3479-0039
東京都渋谷区神宮前3-20-1

Chapter 09
SUNSET WALK

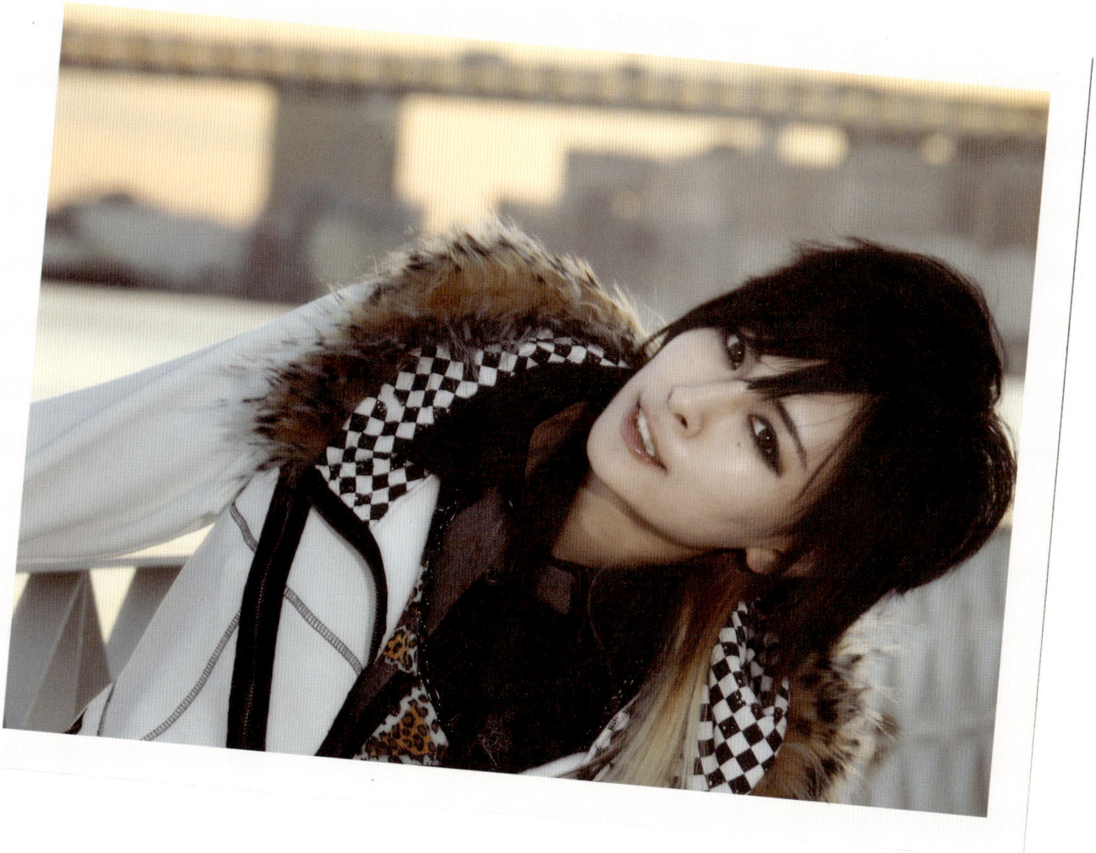

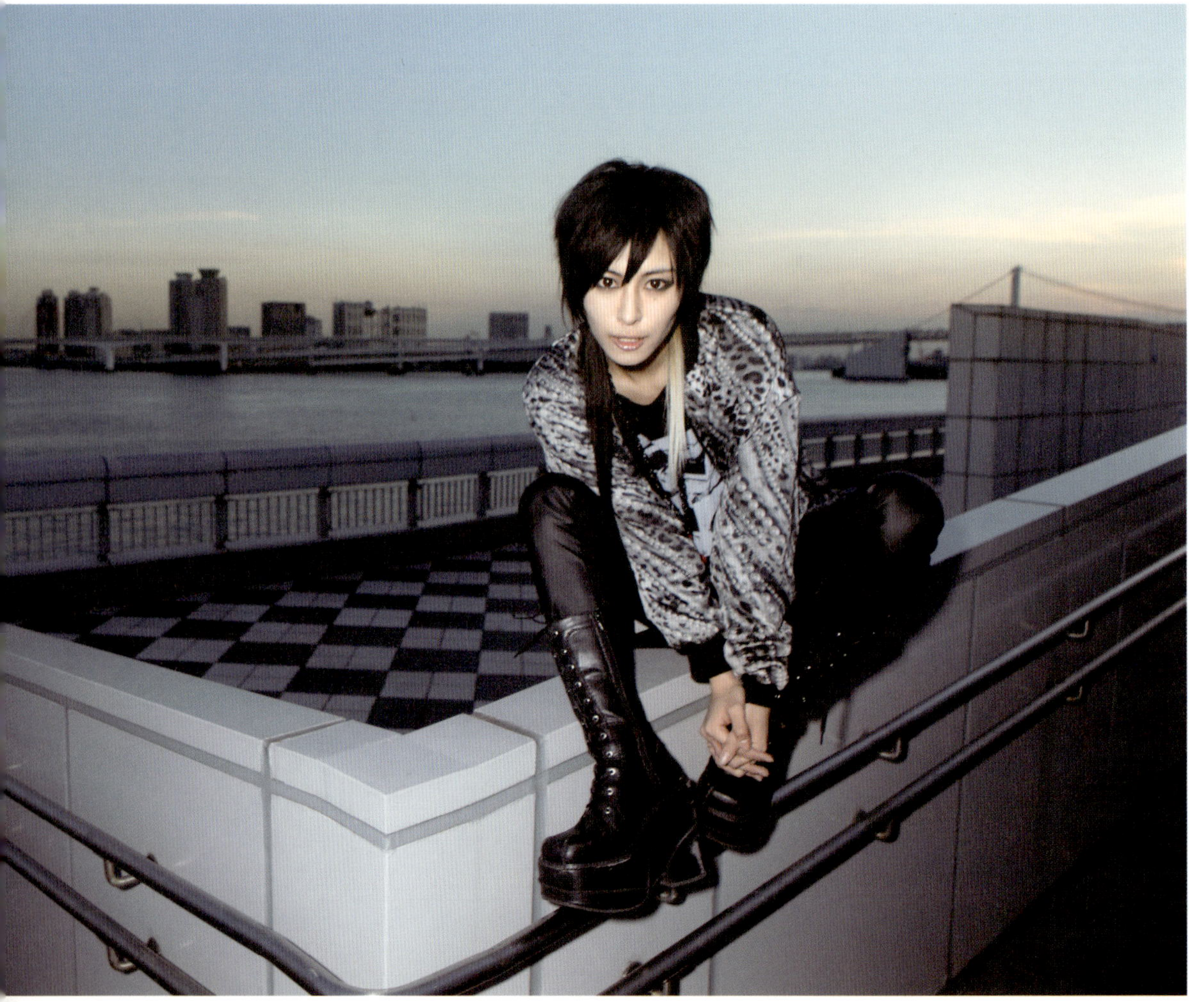

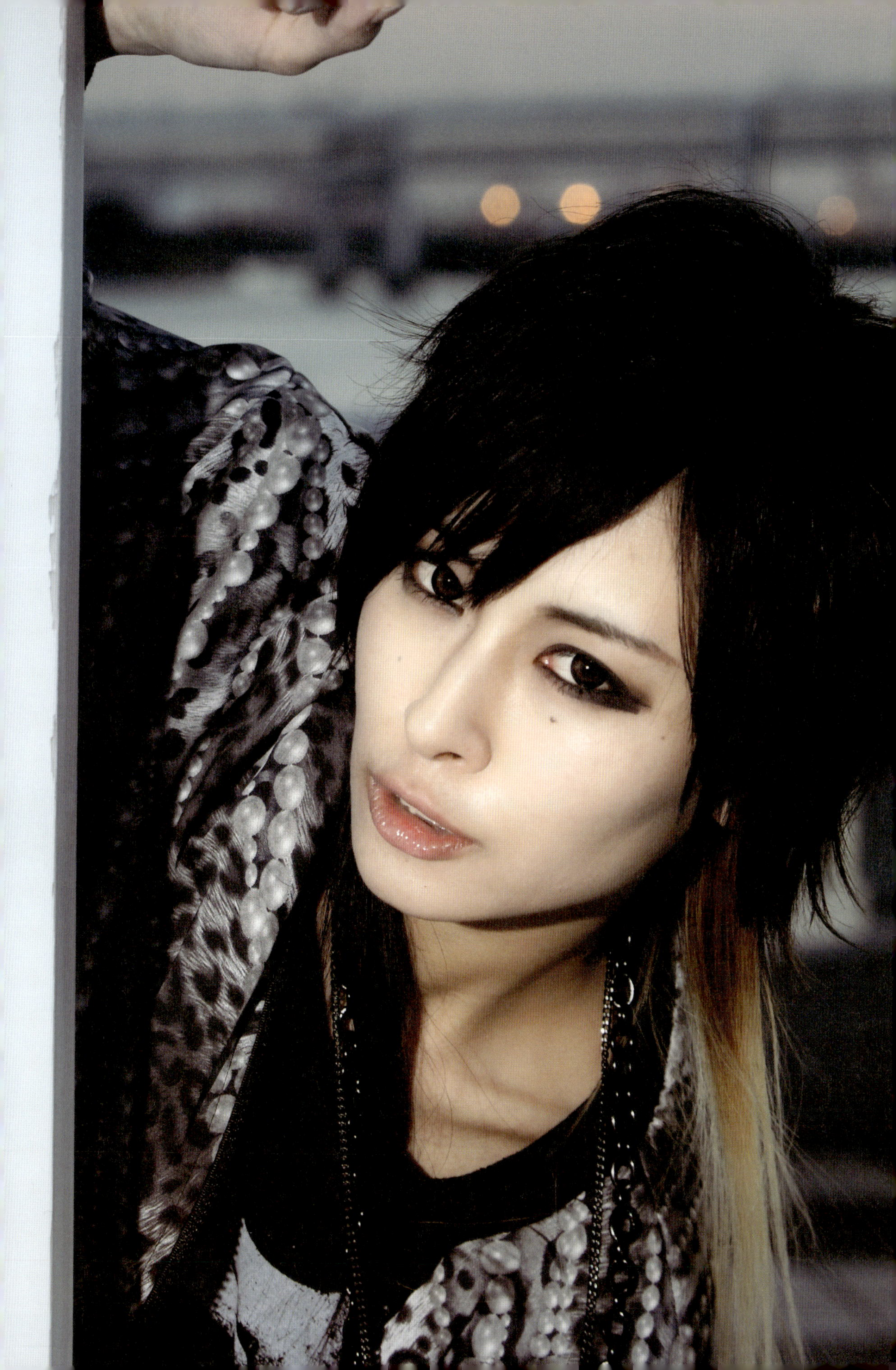

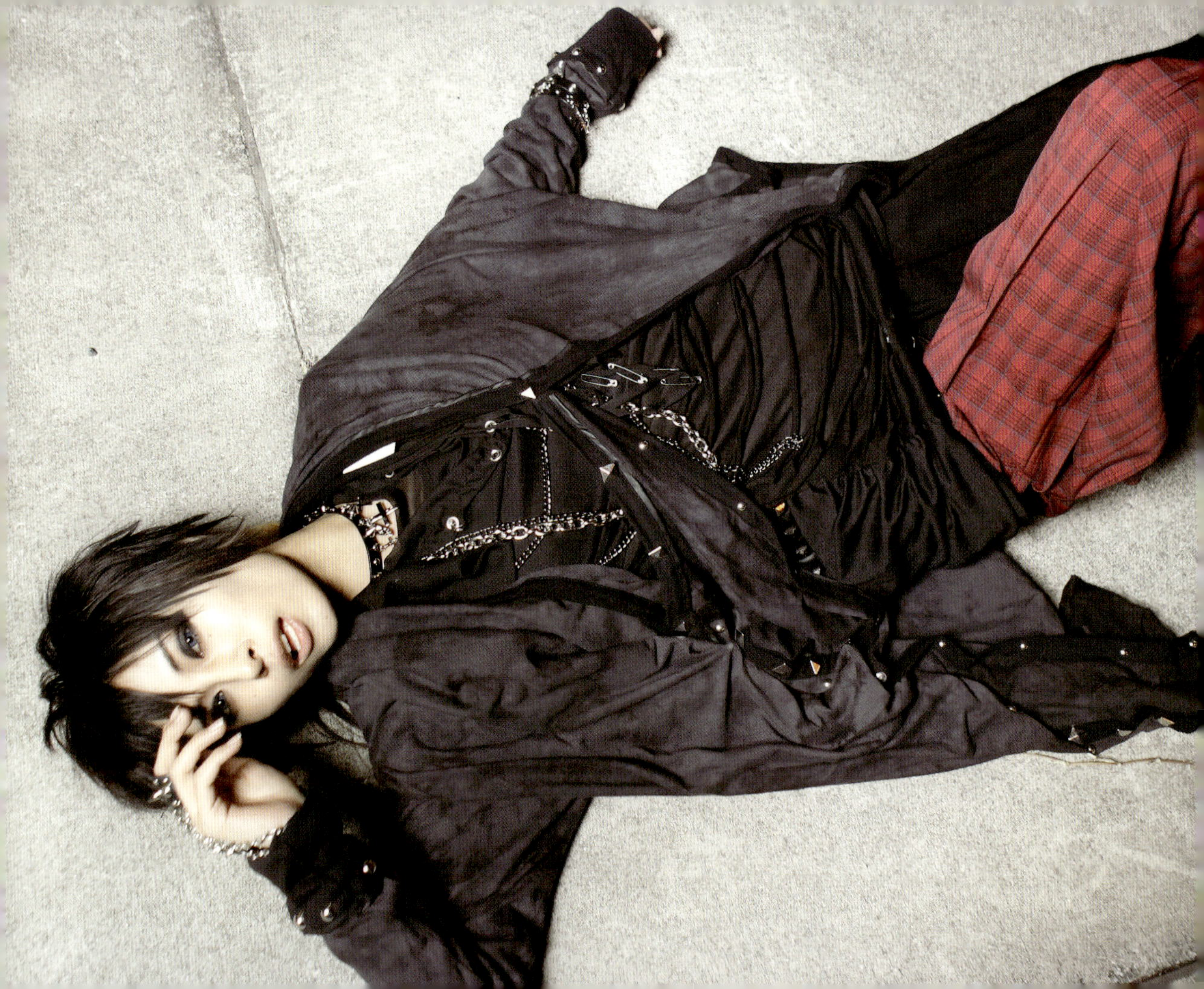

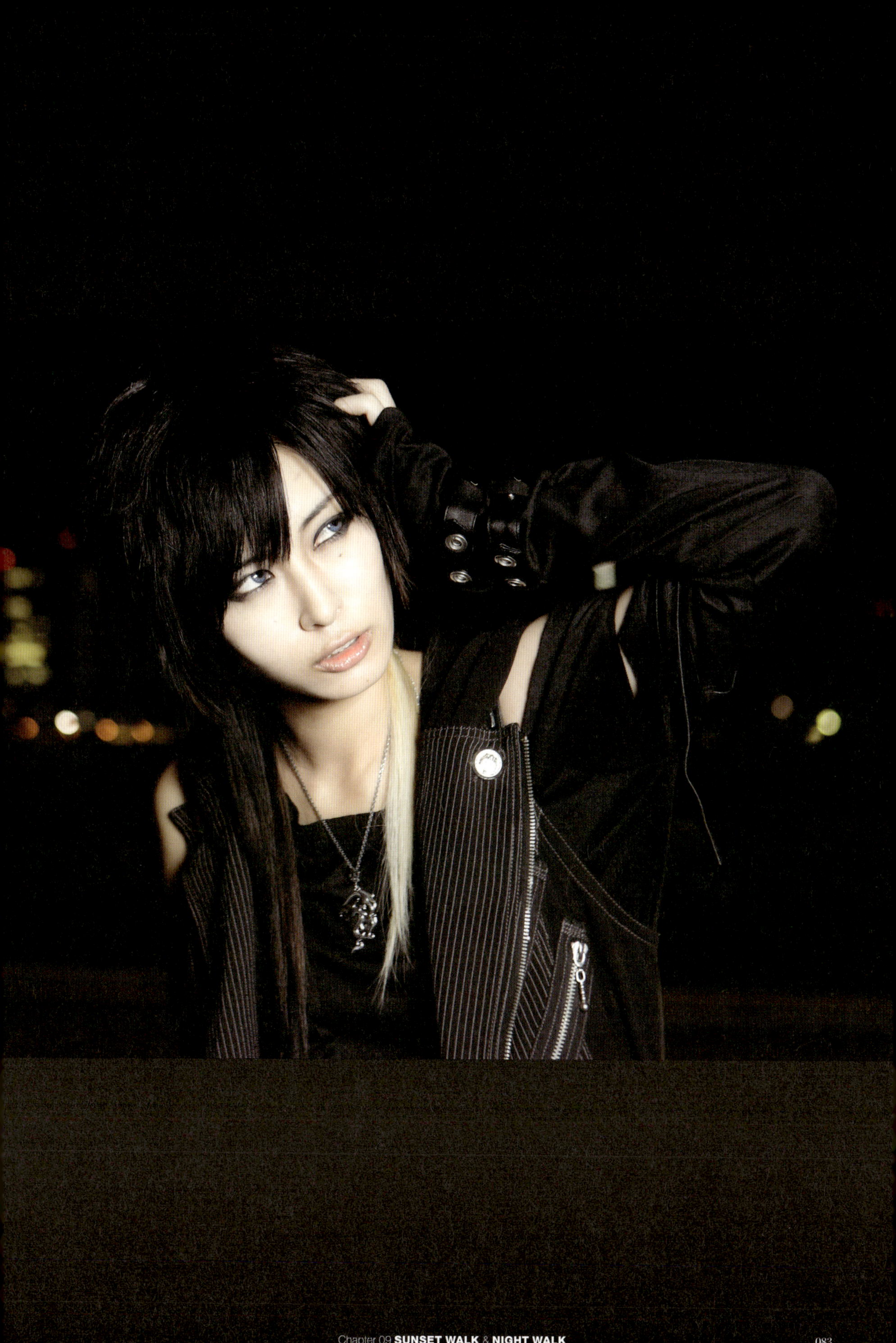

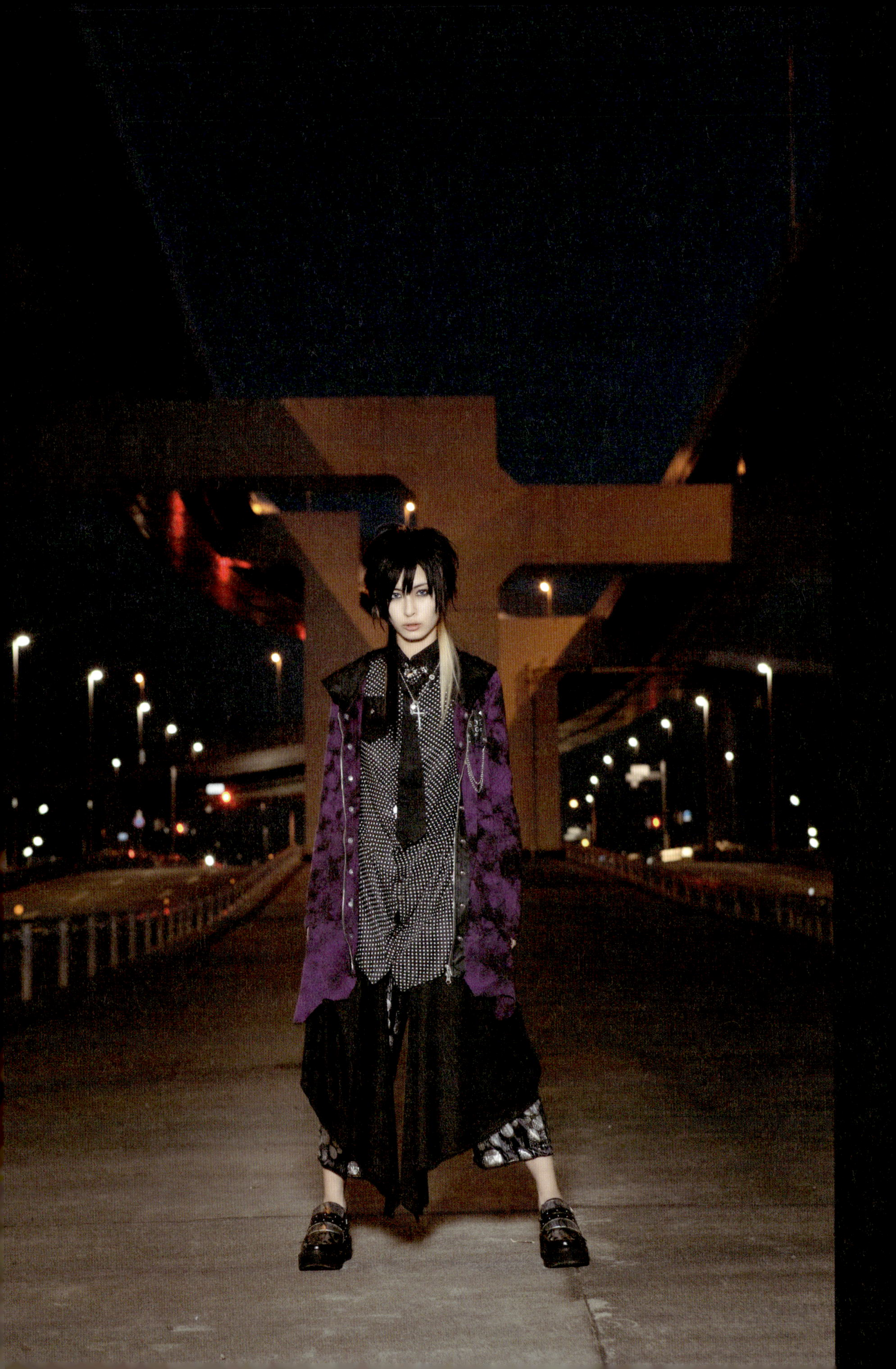

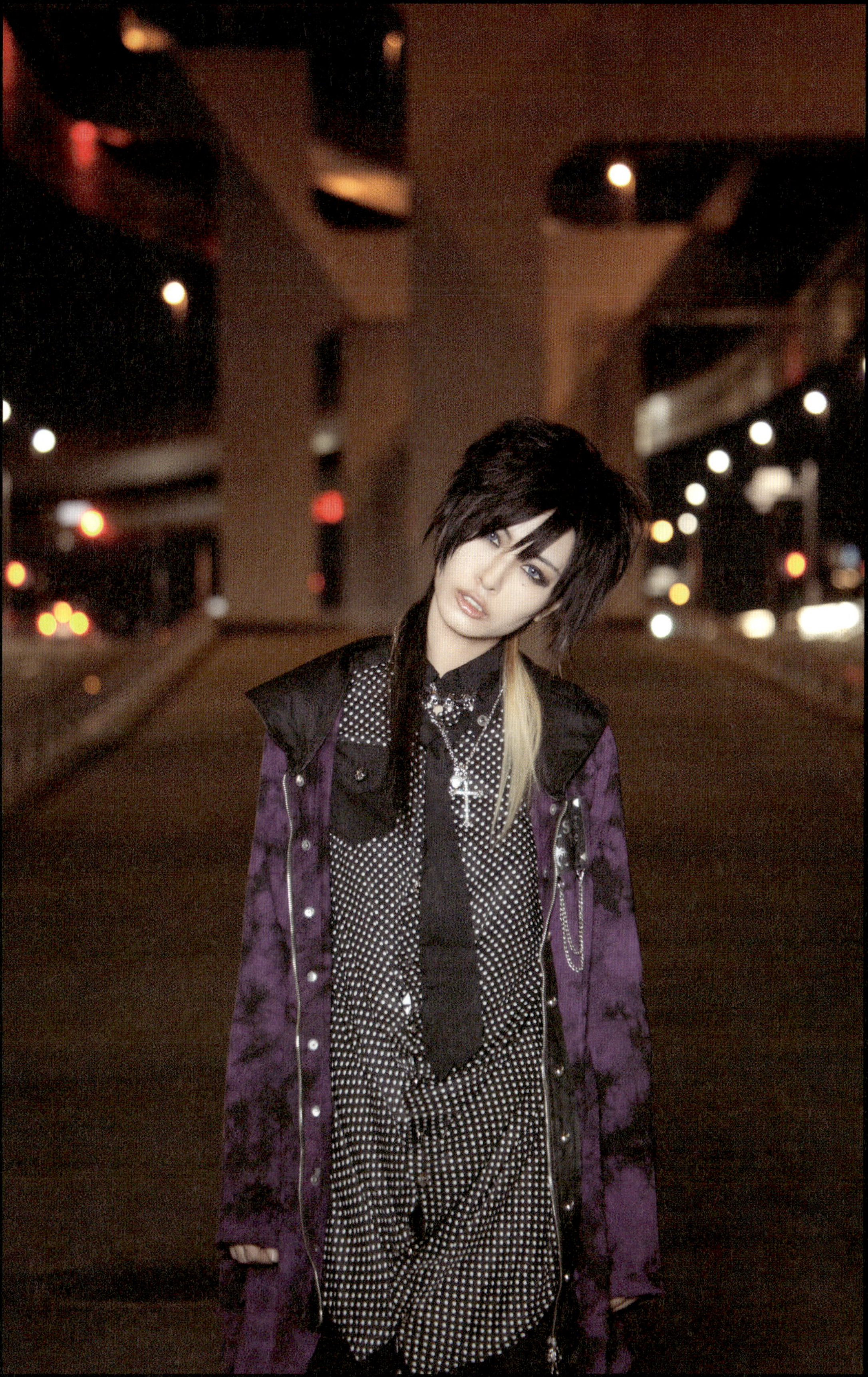

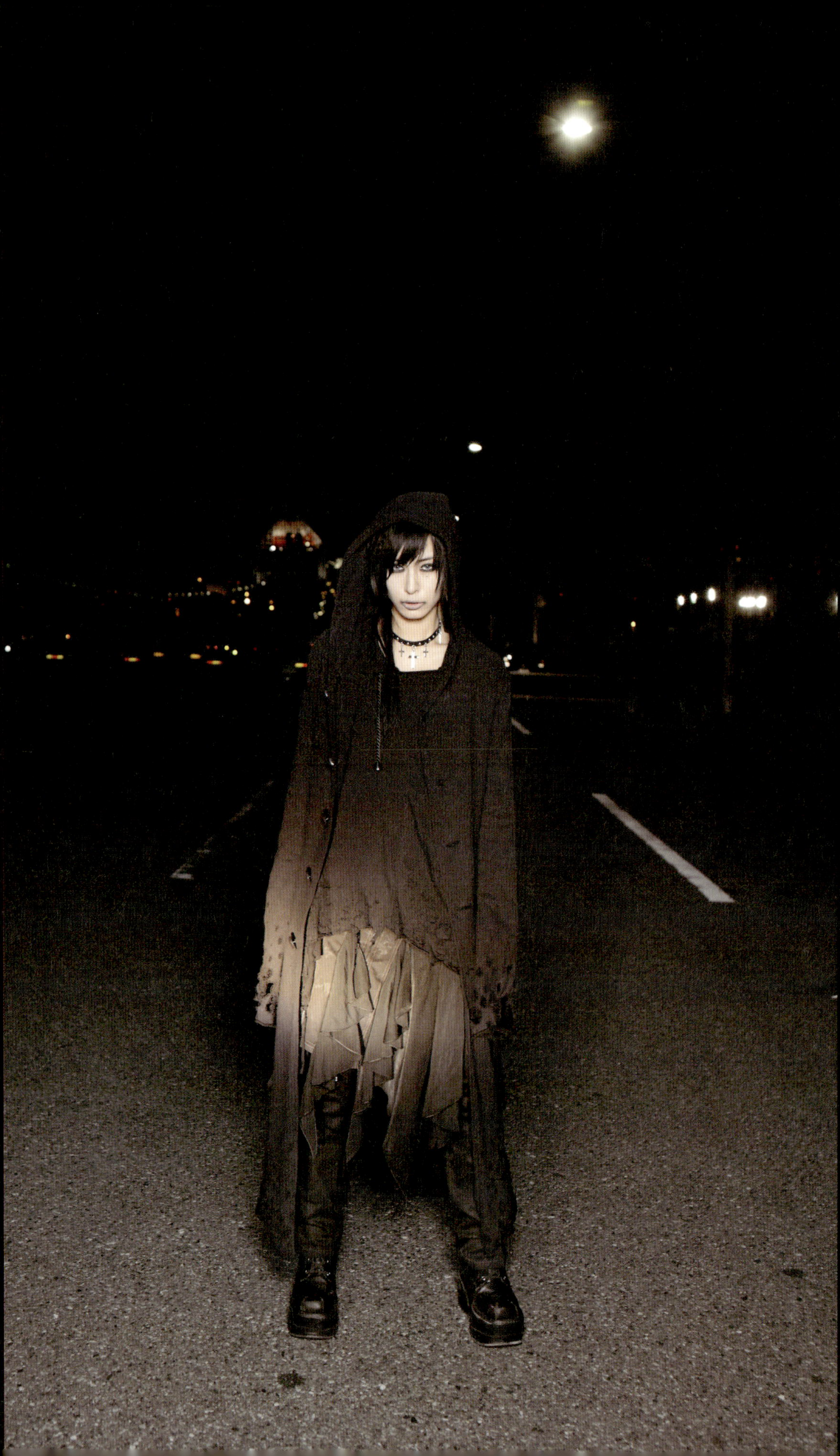

Chapter 09 **SUNSET WALK & NIGHT WALK**

Chapter 10
About Myself
talk about AKIRA

今まで話さなかったアイドルとしての過去、
恋愛、バンド活動……そしてこれから。
AKIRAが本音で、ありのままの自分を語る!

1 About Work モデル、女優のお仕事

**10代の頃にいろいろあったからこそ
表現する楽しみを、今、実感できてる!**

この業界に入ったのは12歳のとき。小さいときから「歌う仕事がしたい」って思ってて、オーディションに応募したんだ。オーディションは一発合格したんだけど、事務所に入んなきゃいけなくて。そのとき、「歌の仕事はできないけど、モデルとして名前が売れれば、チャンスはあるかも」って説得された。それからの3年くらいは雑誌や映像のモデルをして、その後にアイドルグループに所属したんだけど、それもすごくいい経験になった。グラビアの撮影や、小さい役だったけどドラマにも出演したり。歌う機会もあったんだけど、「俺がやりたかったことってコレなのか? 何か違うなー」って常に自問自答してた。で、事務所の社長に頭下げて辞めたんだ。それが18歳のとき。高校卒業と同時くらいだったかな。

大学は、フェリス女学院大学に行った。そこの音楽学部音楽芸術学科で、「音楽の勉強をしっかりしよう!」って思ったから。そのとき、ボイトレにも通ってたんだけど、その先生に薦められて、avexのアーティストアカデミーの特待生になったり。で、新たなバンドを組んで、音楽系の事務所に所属することになったんだ。その頃だったかな、雑誌「KERA」でスナップされたのは。プライベート・ファッションは、今とほとんど同じ感じだったからね(笑)。

その後に編集部から連絡が来て、読者モデルとしてデビュー。撮影現場は慣れてたつもりだったんだけど、着る服もメイクも今までやってきたのとは全然違うから、ポーズもうまくとれなくて、最初は相当緊張したよ。でも、やっていくうちに楽しくなってきて、いつしか撮影の連絡を待ってる自分がいた(笑)。「KERA」に出始めた頃は、バンドも事務所もうまくいってなくて、未来がないって感じてて。正直、「KERA」に出会ってなかったら、俺、今、この世にいなかったかもしれないって思う。だから、俺を救ってくれた「KERA」にはすごく感謝してる。

その後、2010年「花咲ける青少年」、2012年「戦国BASARA」と2つの舞台に出演したんだけど、プレッシャーとストレスがハンパなくて。どっちも舞台後は6キロ痩せてたっていう(笑)。でも、恵まれてたのが、共演者のみんなが本当に優しかったこと。一からいろいろ教えてもらったからね。千秋楽はホッとした反面、哀しかったもん。すごくいい経験させてもらえたなって思ってる。

10代の頃に悩みや葛藤があったからこそ、今は仕事に対して前向きでいられるんだ。モデルも女優の仕事も、俺を人間的にすごく成長させてくれた。どちらも自分にとってかけがえのないものだって、今は胸を張って言えるよ。

2
About Love
恋のこと

**自分にとって性別は関係ない
好きになった人がどっちか、それだけ!**

「男の人と女の人、どっちが好きなんですか?」ってよく聞かれるんだけど、俺はどっちも好き。相手が男だから好きになるとか、その感覚がわからないんだ。好きになった人がたまたま男だった、女だった。ただそれだけ。だから、今までつき合った人は性別問わず。中学のときは高校生のお姉さんに恋をしてたし、高校のときは同級生の女のコを好きになった。大学に入ってからは男のコともつき合ったし。単に魅力を感じる人に惹かれるだけ。

俺は、友達から恋愛に発展することがなくて、初対面で「この人好きかも!」って思った人としか恋愛関係にならない。あと、かなりの慎重派で、自分から告白したのは、一度だけ。きっと、かわいらしい女のコが好きだろうって勝手に考えて、白のワンピを着て、めっちゃ女のコっぽくして告白しに行ったんだけど……見事に玉砕。女のコになるって難しいよね(笑)。そんなこともあって、基本的には自分から告白しないってスタンス。なんかさ、つき合って別れを迎えるんだったら、告白しない方がいいじゃん?って感じで、自己完結して終わっちゃうの。意外でしょ?(笑)

今は、恋愛したいって気持ちもあるけど、バンドと仕事で心に余裕がないんだ。隣に誰かいればいいなって思うけど、俺、ホントにもてないからさー。しばらくは仕事に専念します(笑)。

3 About **Band** バンド＆音楽のこと

バンドは、自分にとって人生そのもの 命をかけて続けていきたい！

　バンドを組んで、初めてライブをやったのは高校生のとき。女のコたちでパンクバンドを組んだんだけど、ステージに上がったらめちゃくちゃ楽しくてさ。それまでは歌をやりたいってずっと思ってたんだけど、俺は一人で歌うんじゃなくて、バンドがやりたいんだって気づいた。それで、最初の事務所を辞めたあとにDISACODEってバンドを組んだんだけど、とんとん拍子に音楽系の事務所に所属することが決まって。「俺、ラッキー！」なんて思ってたら、レコーディングしても曲が出せないとか、いろいろあって。結局、一年経たずに事務所を辞めて、当時のメンバーとも方向性の違いでサヨウナラ。DISACODEって名前と楽曲は俺がもらって、一人ぼっちからのスタート。年齢的なものもあって、「次に組んだメンバーとのバンドがラストチャンスだ。もしも失敗したら、やめよう」と思ってた。だから、メンバーの面接は相当時間をかけたね。それで集まったのが今のメンバー。結成して3年になるんだけど、今のメンバーは本当に最高だって感じてる。ケンカもするけどさ、見てる方向が一緒だからすっごい楽しい！　仲がよすぎて、メンバーと一軒家を借りて、一つ屋根の下で暮らしてるほど（笑）。でも、バンドってメンバーだけじゃ成り立たないからさ、応援してくれる人があってこそなんだよね。だから、俺にとって、ファンのコの存在は何より大きいよ。本当に感謝してる。

　なんかね、今年はバンドにとって大きな節目になるって思ってる。何より、みんなにいい報告ができるように、相当気合いも入ってるし。だからってわけでもないけどさ、これからもDISACODEを温かく見守ってください！

About Future & Message 4

AKIRAのこれから

支え続けてくれたファンのコたちに恩返しをしていきたい!

　今、自分の中にはバンドと女優、そしてモデルって3つの仕事があるんだ。どれも楽しいし、真剣にやってるし、優先順位はつけにくいかなー。今後、やってみたいのは声優。声だけで演じるってことをやってみたい。でも、とりあえず、バンドはもっともっと軌道にのせていきたい。ていうのも、バンドは自分にとっての人生そのものだし、ここがブレたら全部ダメになる気がしてる。だから、今まで以上にDISACODEを軸にしつつ、それ以外にも活躍の場をもっと広げていきたいかな。舞台は、プレッシャーを考えると躊躇するところがあるけど(笑)、千秋楽にお客さんがスタンディングオベーションをしてくれて、心の底からやってよかった!って思えたんだ。表現することってすごく難しいけど、見てる人が感動してくれたら、こんなに嬉しいことはないよね。またチャンスがあれば、トライしたいって思ってる。

　モデルについては、ファンのコや読者のみんな、編集の人から必要とされている限り、全力で頑張りたい。モデルの仕事をするようになってから、ファンレターをもらうことが多くなって。それは俺にとって、本当に宝物なんだ。中には、悩みを打ち明けてくれるコもいて。その手紙を読んだとき、「俺が悩んでたら、誰がこのコを救ってあげられるんだ!」って思って、精神的にも強くなれた。だから、ファンのコを助けてるつもりが、逆に救われてるのかもしれないな。こんな風に考えられるようになったのも、周りにみんながいてくれたから!

　これから、"AKIRA"はいい意味で変わっていくと思う。俺が頑張るってことは、支えてくれてるみんなへの恩返しになるって信じてる。だから、変わらずに見続けてくれたら嬉しいな!

Chapter 11
NAKED

モードなAKIRA、カワイイAKIRA、カッコいいAKIRA…etc.
メイクや洋服のその下にいるのはどんなAKIRA？
スケルトンなAKIRAが魅せる、"An innocent erotic world."

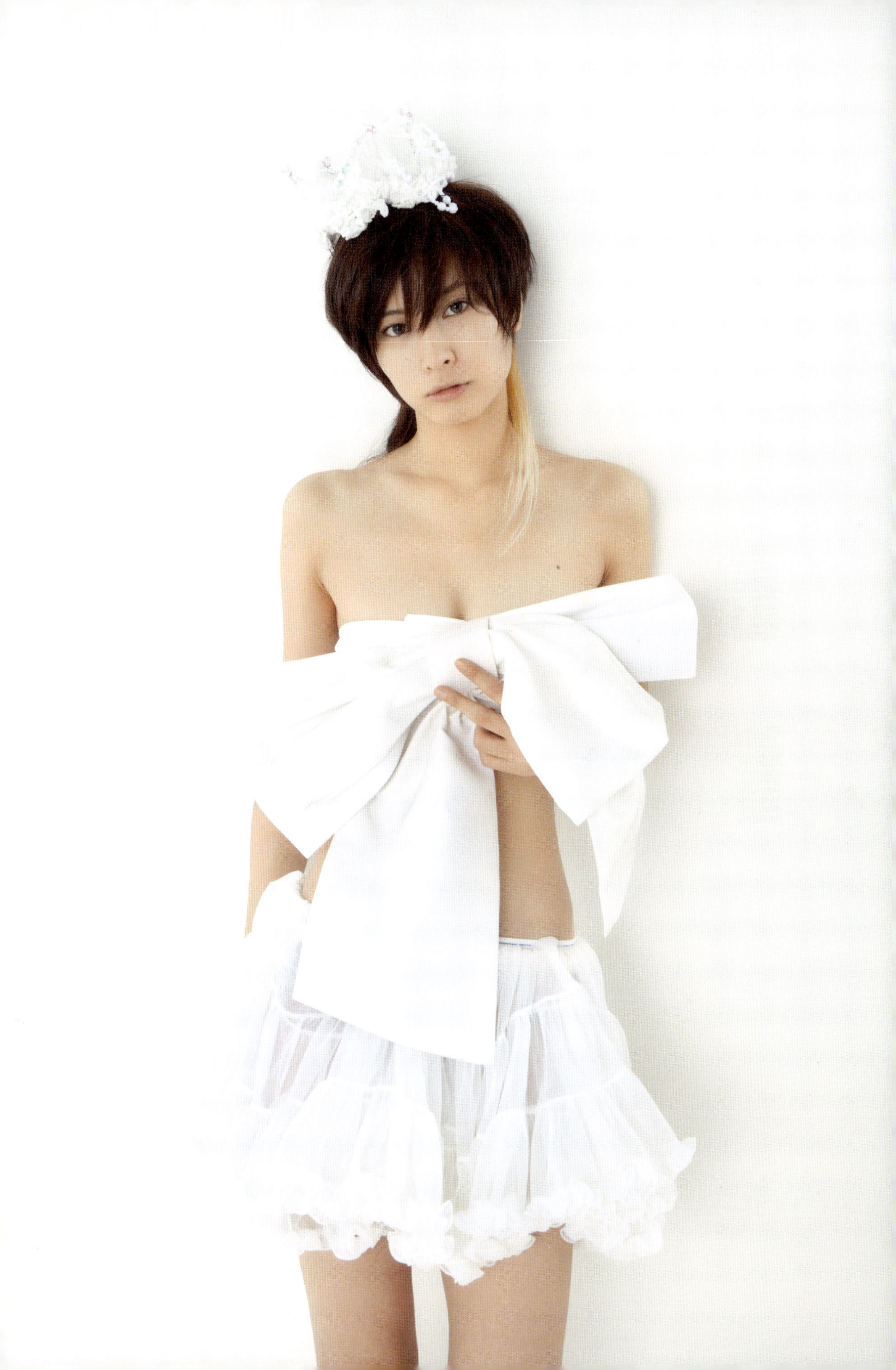

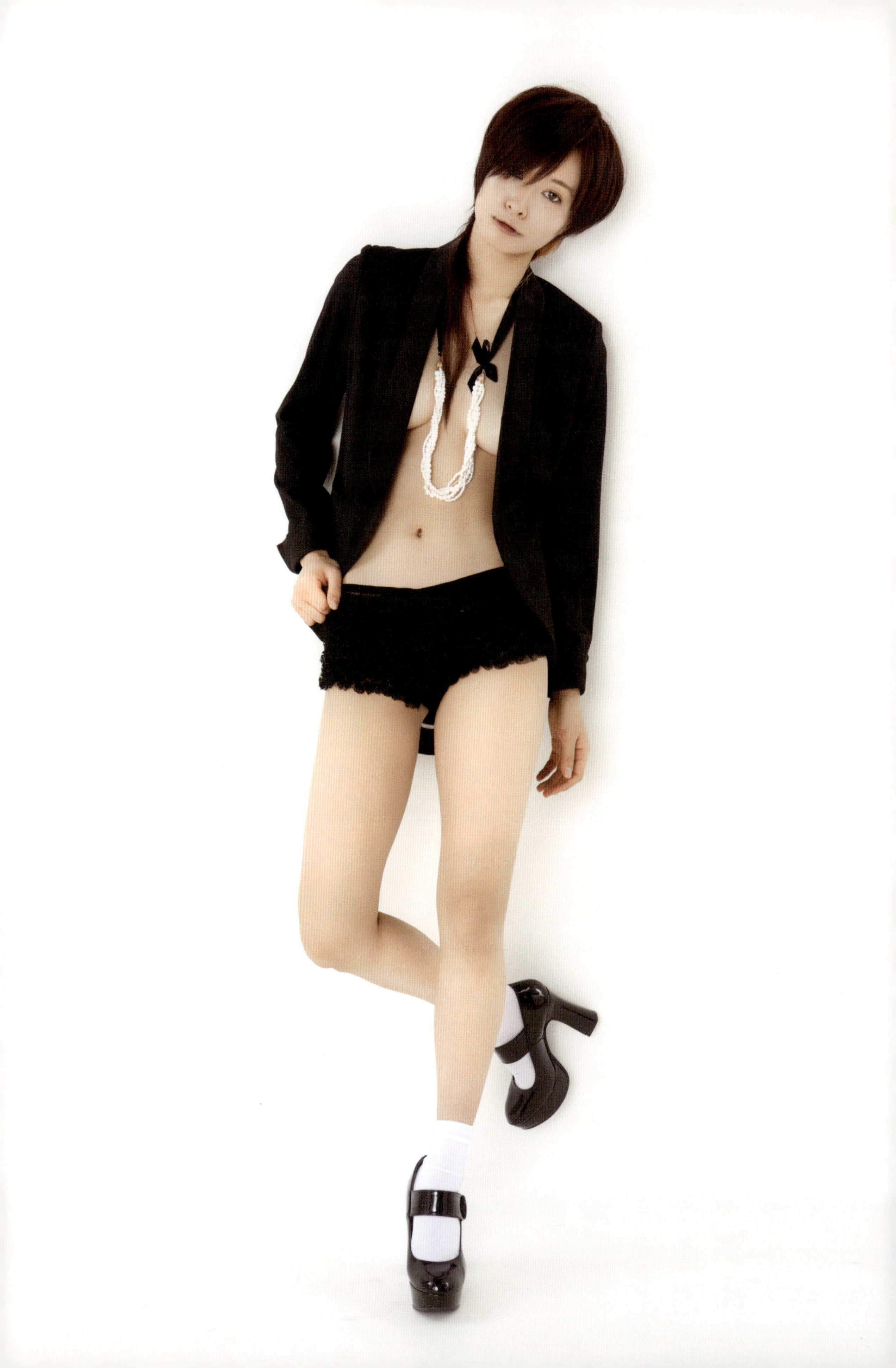

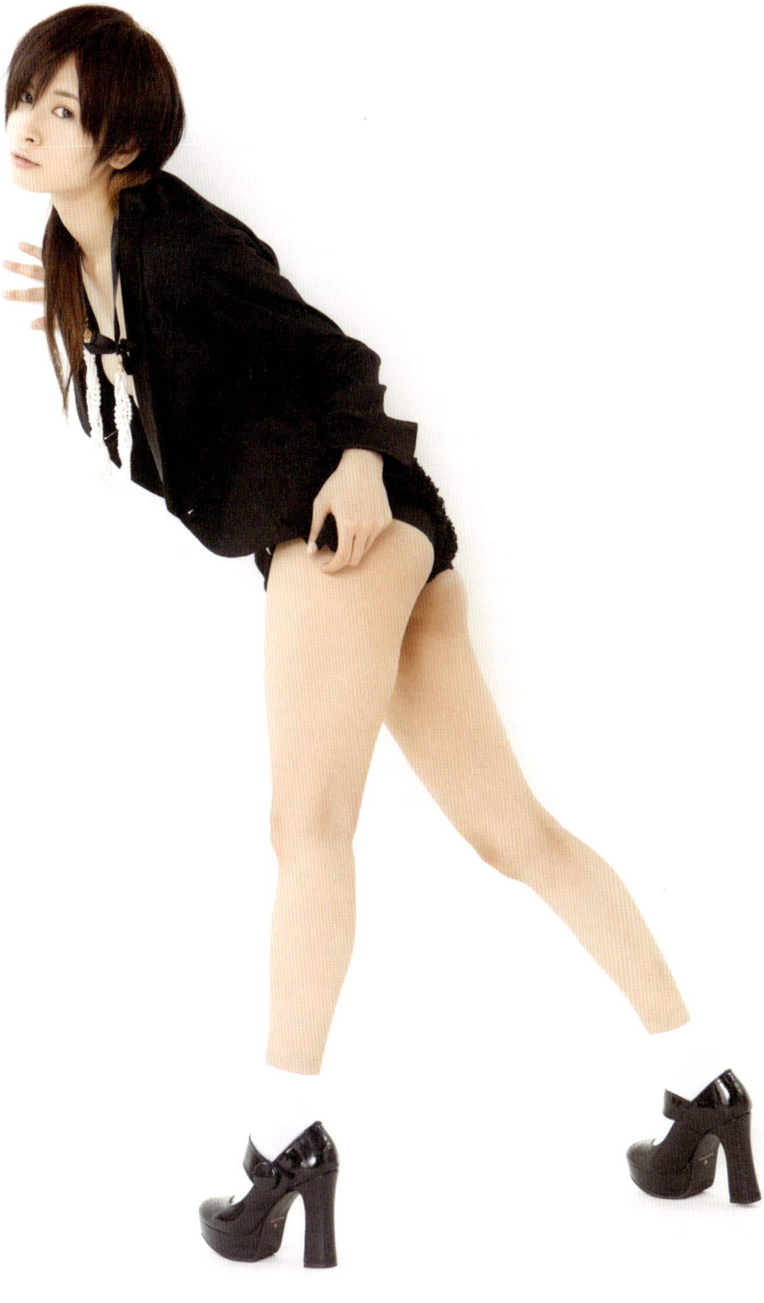

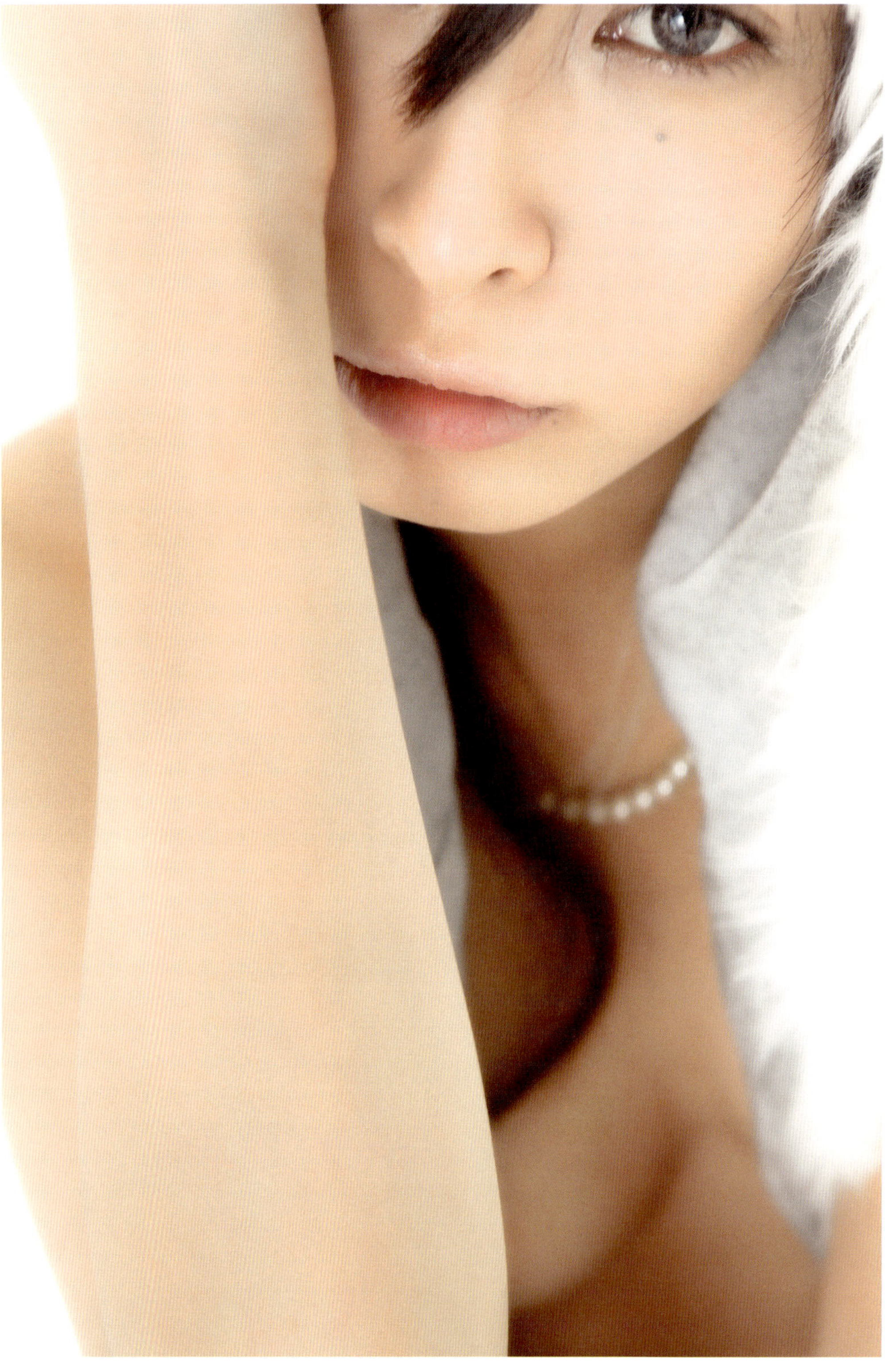

Chapter 11 **NAKED**

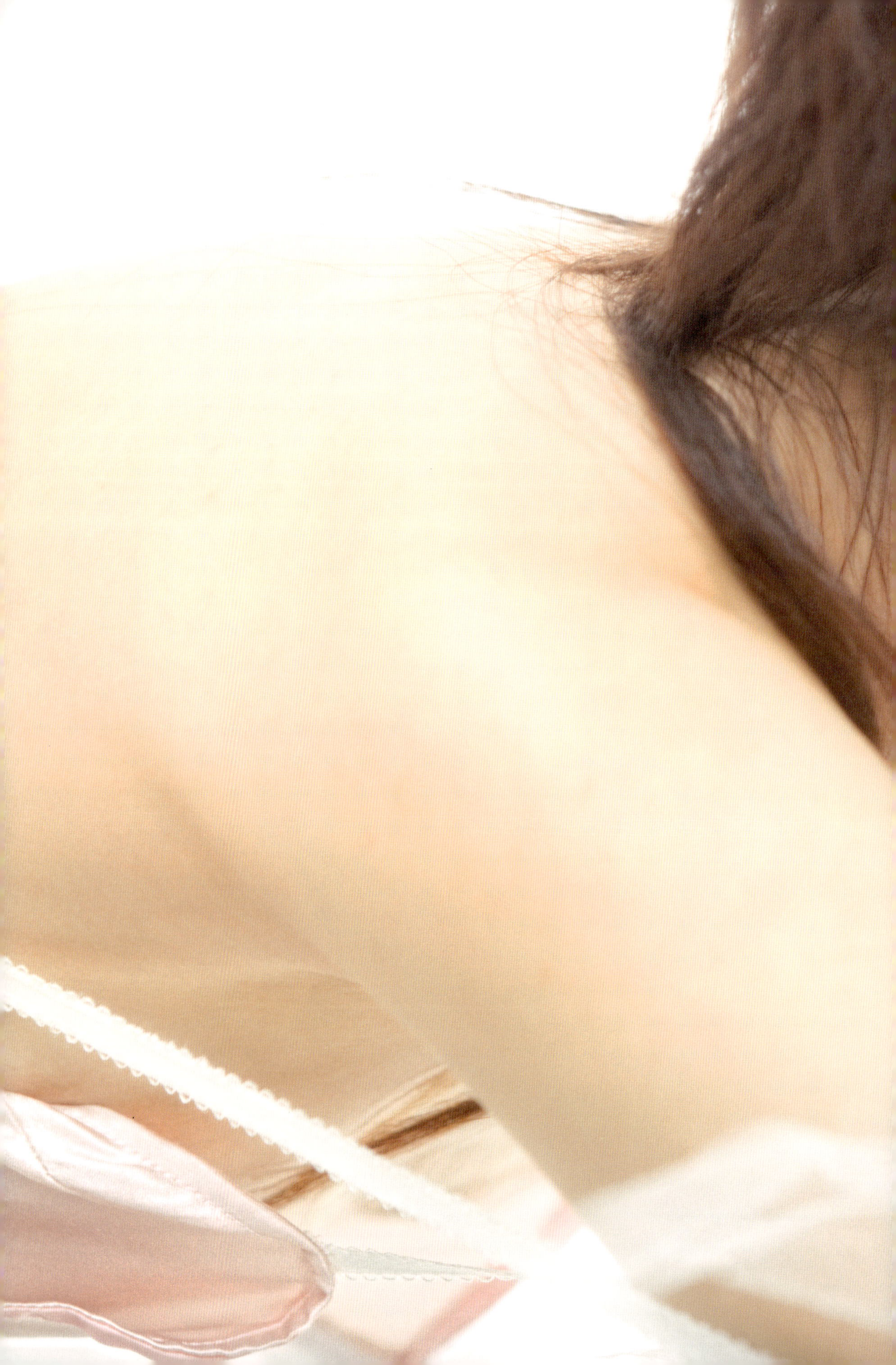

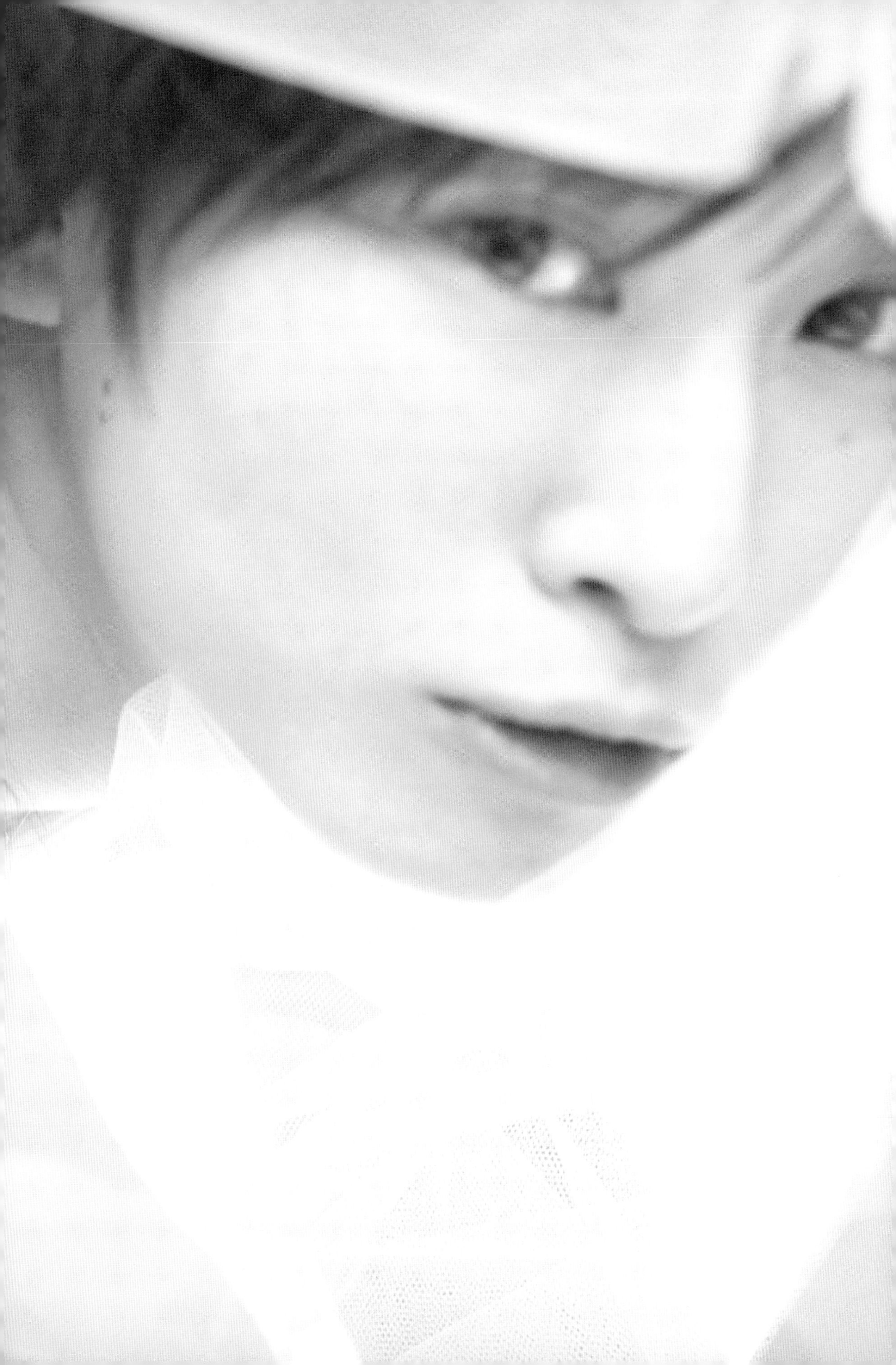

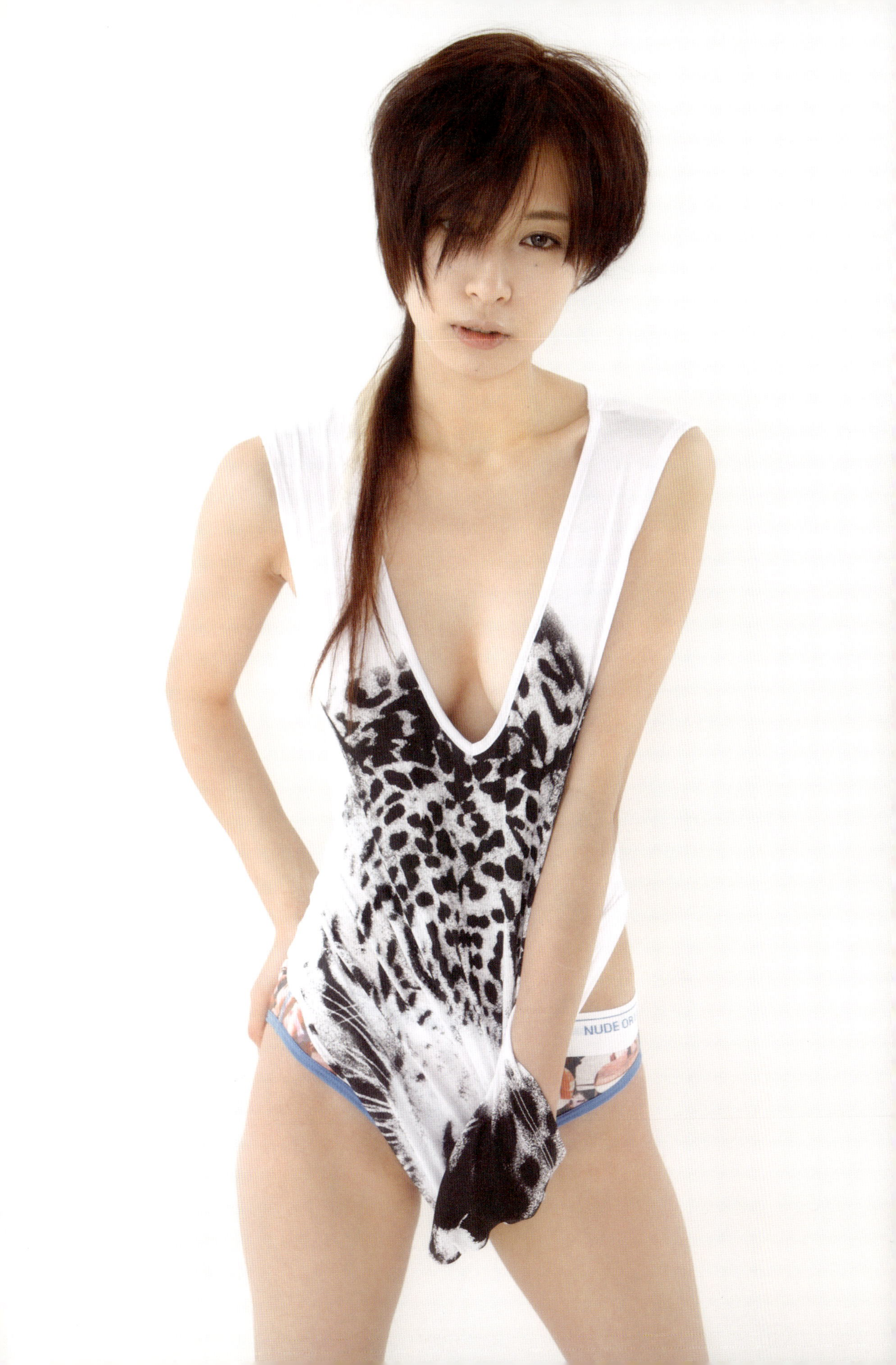
NUDE OR

Chapter 12
Q&A
about AKIRA

オレのオフィシャルブログ「PUNKしてる頭ん中」で募集したファンのコたちからの質問に答えたよー!
オレの「こんな姿が見たい」って要望にもできるだけ応えたから、コメント残してくれたコは他の企画も要チェックだぜぃ☆

Q01 どんなヘアスタイルの女のコが好きですか?
そのコに似合ってればOK! でも、ポニーテールは特に好きかな。うなじが見えるからね(笑)。あと、ツンデレな感じがイイぢゃん!

Q02 日本で行ってみたい場所はありますか? あと、もう一度行ってみたい所はどこですか?
そうだ、京都へ行こう! 仕事で行ったことあるけど、観光したことないからね。行けたら、戦いたい(笑)。刀も欲しいな。

Q03 お酒の弱いコってどう思いますか?
かわいい♥ ちなみに、オレは体のために禁酒中ー。

Q04 DISACODEのメンバーでは、誰が1番お酒強いですか?
ギターのだいち。他のメンバーはお酒飲めないんだ。だから、うちは飲みの打ち上げやらない(笑)。

Q05 私服の中で、1番お気に入りのコーデを教えてください(^o^)
ビッグTにストレートパンツかな。

Q06 AKIRAさんの恋愛対象って女性なんですか?
両方だよ♥

Q07 告白はしたい方ですか、されたい方ですか!?
されたい……。

Q08 告白する方だったら、その言葉を教えてください!!
「愛し過ぎてるんだけど、どうしよう」とか?

Q09 今のAKIRAスタイルが確立するまで、どんなヘアスタイルやファッションをしてきたんですか?
いろいろ(笑)。

プリクラは、大学に通ってた頃。こんな風にいろんな感じだったよ

Q10 これからチャレンジしてみたいファッションありますか?
モード系? あとは、古着MIXとか。最近、みんなに「似合いそう」って言われるんだけど……似合うかどうかは謎(笑)。

Q11 私は身長が高いので男装をしてみようと思うのですが、「つぶらな瞳! カピバラ!」と言われるくらい目が小さくて……。それでもカッコよくなれるメイク方法を教えてください!
アイラインをガッツリと太めに引く! 詳しくは、P066-068を参考に!

Q12 ぜひ、AKIRAさんのお部屋を見てみたいです(´艸`)
OK! 去年末に引っ越したばっかり! P041を見てっ☆

Q13 AKIRAさんみたいになりたいのですが、どうしたらなれますか?
んー、ならない方がいいと思うぞ(笑)。

Q14 エステに行ったりして、ケアや脱毛をしていますか? それとも全部セルフですか?
エステ脱毛は、中学生のときに行ったきり。だから、今はほぼセルフ。

Q15 趣味などはありますか?
マンガとアニメを見ること!
好きなマンガ→「ONE PIECE」
好きなアニメ→「BLACK LAGOON」
でも、強い女が出てくる作品はみんな好き!

Q16 一番大事にしてるものはありますか?
ケータイとPC。
ケータイ→iPhoneとauのガラケー
PC→iMac

Q17 どんな女のコがタイプですか?
思いやりのあるコ。

Q18 お仕事でいろんなとこに行くと思いますが、「あの県のあの食べ物が美味しくてハマった!」っていう食べ物はありますか?
福岡の明太子。激辛のやつが特に好き!

Q19 雑誌「KERA」のモデルになったきっかけを教えてください!
原宿でスナップ。5年くらい前だったかなー。

Q20 バンドメンバーとはどうやって出会ったのかが知りたいです!
みんな、遠い親戚(←嘘)。神の導きで、メンバーを召還した。

Q21 AKIRAさんの普段の食事内容が知りたいです。やはり、野菜中心なのでしょうか?
うーん、日によるかな。

Q22 AKIRAさんがV系に目覚めたきっかけは何ですか? バンドやフッションには多ジャンルありますが、その中でどうやってV系に目覚めたのかが知りたいです!
V系が好きってわけぢゃないよ。今は勉強中って感じ?

Q23 もし1日、翠ちゃんになったら……何しますか?(笑)
とにかく、自分を触りまくる! だって、柔らかくて、超気持ちいーんだもん! あとは、いろんなカッコして、写真を撮りまくる!

Q24 好きな武将は誰ですか??
織田信長。カッケーから!

Q25 雑誌のインタビューで「美しいものにしか興味がない」と話していましたが、見た目、内面、生き方など……AKIRAさんにとって「美しいもの」とは!?
一生懸命な姿とか、主に内面。でもさ、年齢を重ねると、その人の生き方が顔に出るよね。

Q26 中学や高校時代、恋はしてましたか??(●´ω`●)
ぼちぼちしてたよ。主に、2次元に(笑)。でもさ、恋ってなんだろーね……。まず、そこから話し合いたい。

Q27 今までにどんなバイトをしてきましたか? 何か特殊なバイトとかしてましたか?
レストランとか2週間だけやったメイド喫茶とか。あと、結婚式のドアを開けるってバイトもしたけど、3日間で辞めた。人の一生に関わることなんだって気づいたら、そのプレッシャーに負けた……。

Q28 オススメの簡単ダイエット方法は何ですか?
むしろ、教えて欲しいよー。

Q29 中学時代、どのようにテスト勉強をしていましたか?
塾に通ってた。そのおかげで、苦手科目は特になし! 得意な科目は日本史!

Q30 AKIRAさんの好みじゃないファッションはどんなのですか?
特にないなー。

Q31 使ってるメイク道具とか、バッグの中を見てみたいです(｀∀´)
OK! バッグの中はこーんな感じ。メイク道具は、P065-066を見てね!

サイフとキーケースはVivienne。あと、スケジュール帳代わりに使ってるiPadと梅しば

Q32 来世は、女のコと男のコどっちがよくて、何をしてみたいですか?
猫になりたいや。オスは臭いから、メスがいい。

Chapter 12 Q&A ABOUT AKIRA

Q33 AKIRAさんが撮影で着用したのと同じ服を着ている人がいたら、それに気づきますか？
すげー気に入ってるやつだったら、「お！」ってなる。

Q34 男女ともの好きなタイプを教えてください！
好きになった人がタイプだよ。

Q35 洗濯のときに使ってる洗剤と柔軟剤を教えてください！
自分で洗濯しないからなー。いつも、メンバーの誰かの洗濯物につっこんでおく（笑）。

Q36 中学・高校生時代は、頭がよかったですか？？
中学のときはよかった。でも、高校でバカになった……。

Q37 どうしたらAKIRAさんみたいにメイクが上手くなれますか？
練習しなさいっ！ メイクは、練習あるのみ！

Q38 おしゃれに目覚めたのはいつですか？ きっかけも教えてください
てか、今も目覚めてません。

Q39 自分のチャームポイントはどこだと思いますか？
しっぽ（←後ろ髪のことね）。それが、俺のアイデンティティー。

Q40 ストレスの発散方法を教えてください！
ストレスって……何だろう？

Q41 今、一番欲しいものって何ですか？
Mac Pro！ 誰かくれー！

Q42 服を買うときのポイントってどこですか？
インスピレーション。

Q43 思わずリピ買いしちゃってるものはありますか？
明太子。辛いやつね。

Q44 愛用の香水が知りたいです！
ジャンヌ・アルテスってとこの「CO2」を長年使ってる。

もう、学生の頃から愛用してるよ、この香りがないとダメ！って感じ。

Q45 自分を動物に例えると？？
カモノハシ。好きだから。

Q46 子どもの頃、将来の夢って何でしたか？
アイドル☆ でも、幼稚園のときの七夕で「アイドルになりたい」って短冊に書いたら、その後、イジめられた……。

Q47 最近、ハマっているバンドとか、聴いている曲はありますか？
DISACODEの「椿」。カラオケに入ってるから、みんな歌ってね♪

Q48 憧れの人や尊敬している人っていますか？
俺と関わってる人たち。

Q49 自分の短所と長所ってどこだと思いますか？
短所→口が悪い。
長所→しっぽ。あと、食べるのが早い。

Q50 使ってるシャンプーとかコンディショナーとかが知りたいです☆
ノンシリコンのシャンプーとコンディショナーだよ。いっつも、ドンキで買ってる。

ラヴィスイ ミネラルSPA アクアシャインシリーズ。調子いいよー♪

Q51 思い入れがあって、なかなか捨てられないものってありますか？
基本、何でも捨てられない。小学校のときに着てたパーカを今でも着てるくらい。アー写のヒョウ柄ジャケットも高校のときに買ったやつだし……。

Q52 いつかやってみたい！ と思ってることはありますか？
タイムスリップ。戦国時代に行って勝ちたい。

Q53 AKIRAさんの考える「いい女」の条件ってどんなことですか？
動き、言葉遣いがキレイ。自分にはきっとムリだから……。

Q54 自分の性格をひと言で表すと？？
テキトーで自由。

Q55 好きなスイーツってありますか？
基本的に甘いものは苦手。でも、カラメルの乗ってないプリンは好き。

Q56 好きな色を教えてください！
金、黒、ムラサキ……最近は青も好き。

Q57 好きなキャラクターはいますか？
シンプソンズ！

Q58 AKIRAさんの好きな動物は？ 今まで飼ったペットがいたら教えてください！
最近は猫もいいなって思うけど、やっぱり犬が好きー！ 特に、ゴールデンレトリバーね！

実家で飼ってた愛犬のラッキーと！ 大きい犬は、やっぱりかわいい！ また、飼いたいなー。

Q59 初恋はいつでしたか？？ また、その相手はどんな人だったのでしょうか？？
幼稚園のときかな？ 幼なじみのコと21歳になったら結婚しよう、と約束したのに、そのコは引きこもりになっちゃった。

Q60 世界で一番好きな場所はどこですか？ あと、落ち着ける場所があったら教えてください！
好きな場所→ベッドの上。
落ち着ける場所→自分の部屋、喫煙所。

Q61 AKIRAさんの好きな映画が知りたいです！
「パイレーツ・オブ・カリビアン」シリーズ！ あと、ティム・バートン作品も！ P057には、ゆるーいコスプレ写真があるよー（笑）。

Q62 これだけは外せない！って ファッションアイテムは何ですか？？
ないなー。でも、パンツスタイルは必須。

Q63 服は何着くらい持ってるんですか？
えーと、500着くらい？

Q64 ブランドの服以外って持ってますか？ 例えば、どんなところで買ったりするんですか？
持ってるよー。しまむらとかユニクロとか。これってブランドぢゃないよね？

Q65 何をしているときが一番幸せですか?
マッサージをされてるとき!

Q66 生まれ変わったら何になりたいですか?
貝になりたい……(笑)。

Q67 読モになってよかった! って思うのはどんなときですか?
撮影でいろんな服が着れたり、友達もできた! ホントに楽しいよ!

Q68 コレだけは譲れない! というこだわりは何ですか?
楽しいか、楽しくないか。

Q69 ツラいことや落ち込むことがあったとき、どうやって乗り切っているんですか?
忘れる。なかったことにする。

Q70 座右の銘を教えてください☆
「背中のキズは剣士の恥」(by.「ONE PIECE」ゾロ)、「何があっても、生まれてきたこの時代を憎まないで!」(by.「ONE PIECE」ベルメール)

Q71 AKIRAさんの元気の素って何ですか?
人と関わること。

Q72 これからの将来の夢って何ですか??
ゾロになるっ!

Q73 将来、子どもは何人欲しいですか?
9人。野球チームができるから。

Q74 街でAKIRAさんを見かけたら、声をおかけしてもいいですか??
もっちろーん! でも、スッピンのときは勘弁してね。恥ずかしーちゃん!

Q75 AKIRAさんのマル秘写真を見せてください!
OK! どーしよっかなぁ……ぢゃあ、コレを見せちゃおう!

これは18歳くらいのとき。入浴中だぜー♥

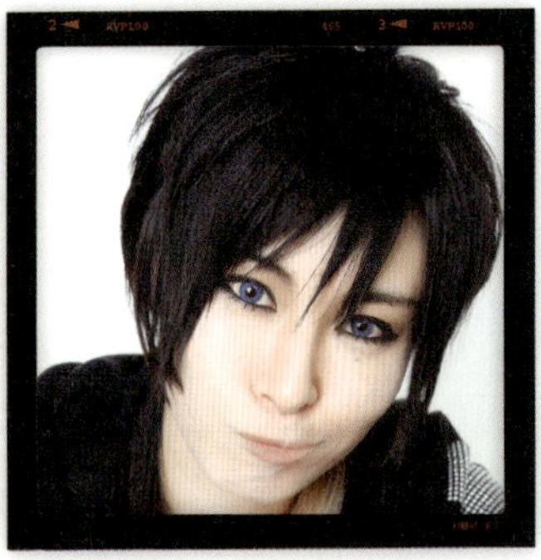
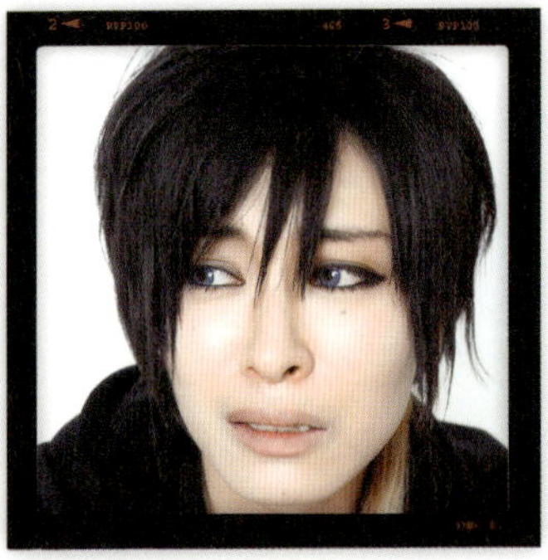
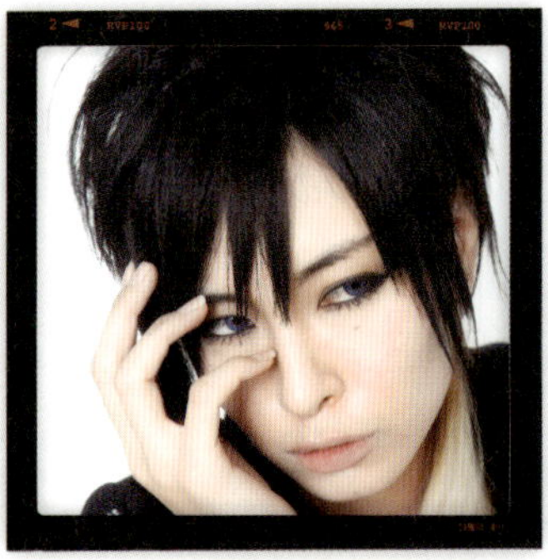
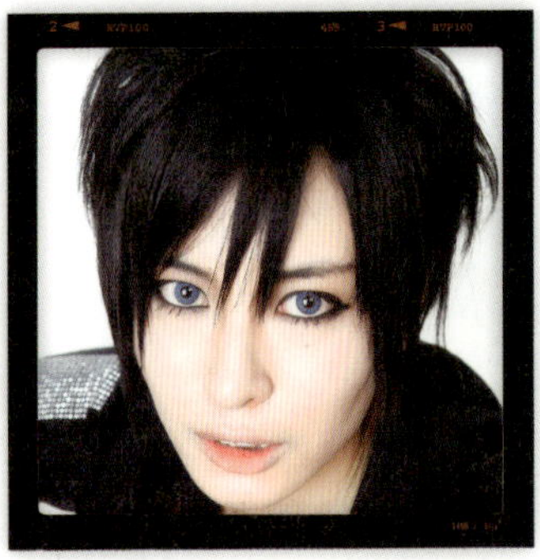
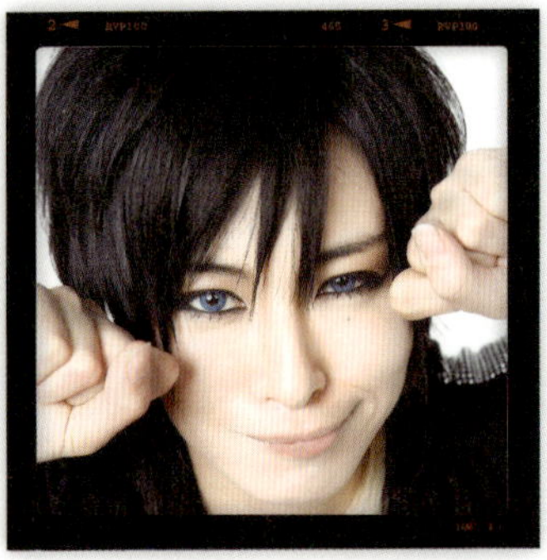
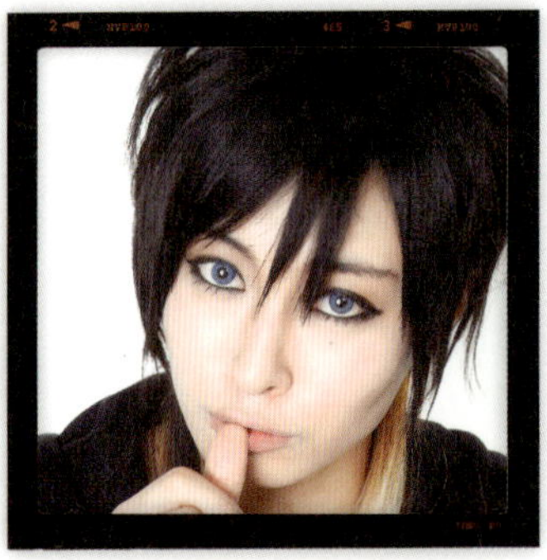
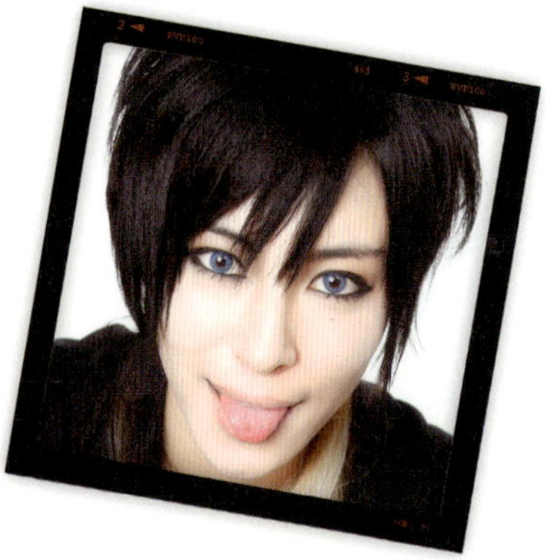
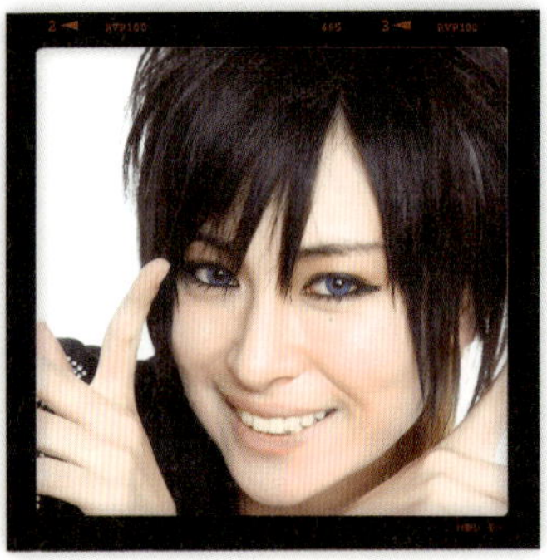
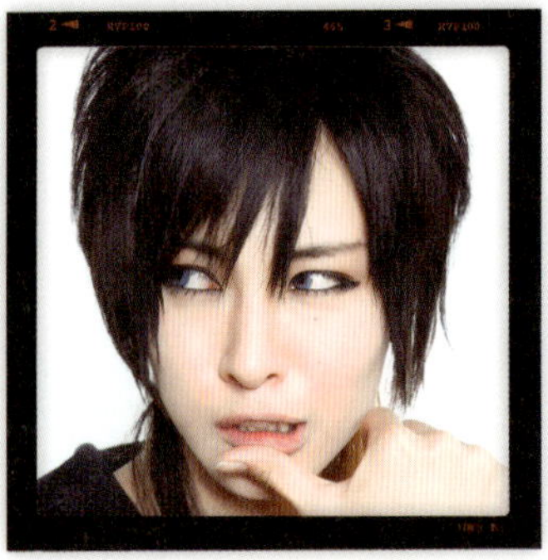

DEAR→読んでくださったみなさま。

最後まで読んでくれてありがとう!!

撮影システダ─楽しかったから…

みんなにも楽しんでもらえたら本望デス。

うぇーい。

CREDIT

※本誌の中の以下で紹介していないコーディネイトは、すべてAKIRA私物です。
※商品に関するお問い合わせはP110をご覧ください。

PAGE 002-007
ガーゼシャツ¥14,490／SEXY DYNAMITE LONDON、PUNKISHボンデージパンツ¥12,900／SEX POT ReVeNGe、チョーカー、十字架ネックレス、リストバンド、靴／AKIRA私物

PAGE 008-009, 012-013, 016-017
ビョウ付きネックレス¥2,940、ライダースジャケット¥22,050、プリーツスカート¥17,850、天使のリング各¥1,575／monomania laforet 原宿、レギンス¥3,675／GHOST OF HARLEM 渋谷店、靴／AKIRA私物

PAGE 010-011
ロングカーディガン¥5,985、プリントスカート¥5,985／GHOST OF HARLEM 渋谷店、ネックレス柄ツノフードワンピ¥8,925／ALGONQUINS、ネックレス、ベルト、ブーツ／AKIRA私物

PAGE 014-015
2WAY PUNK GIMMICパーカー¥9,975／SEX POT ReVeNGe、Wing刺繍入りダメージパンツ¥11,865／ALGONQUINS、タンクトップ（MIDAS）、ネックレス、ベルト、靴／AKIRA私物

PAGE 018-019
ドックタグ¥29,400（Artemis Classic）／アルテミスクラシックTOKYO、肩に掛けたL-2B¥29,800、カモフラパンツ¥3,500、ブーツ¥5,980（USED）／GOLLEY'S、その他スタイリスト私物

PAGE 026-027
かんざし各種（価格未定）／かんざし屋 山口、打ち掛け¥26,250、中に着た着物¥1,995、襦袢¥4,095（USED）／原宿シカゴ 表参道店、花魁帯¥20,790／despair

PAGE 028
竹柄着物（参考商品）、黒×サテン赤龍袴¥22,050／despair、その他スタイリスト私物

PAGE 029
エンジ蝶サテン2重衿ロング着物¥31,290／despair、その他スタイリスト私物

PAGE 030-031
サリー／AKIRA私物、その他スタイリスト私物

PAGE 032-033
花婿：ジャケット¥27,090、アスコットタイシャツ¥17,640、スラックス(参考商品)／ATERIER BOZ新宿店、シューズ¥14,490(MIDAS)／MIDAS(グラブ)

PAGE 034-035
スタッズ付け襟¥3,150、グローブ¥2,100／FERNOPAA新宿アルタ店、ステッキ(参考商品)／BABY,THE STARS SHINE BRIGHT、その他スタイリスト私物

PAGE 036-037
ポンチョ¥12,390、フリンジネックレス¥11,340／MIDAS(グラブ)、ロングカーディガン¥16,800／JURY BLACK、右手中指のスカルリング¥2,4150、左手人差し指のWスカルリング¥2,1000、左手薬指のハーフスカルリング¥2,3100(コルナ)／ヴィレッジ 原宿、鎌(参考商品)／危機裸裸商店

PAGE 072-073
AKIRA：ジャケット¥13,440、カットソー¥6,195／GHOST OF HARLEM 渋谷店、ケミカルスキニー¥11,550／monomania laforet 原宿、メガネ、ネックレス／AKIRA私物
翠：ニットワンピース、ブレスレット／AKIRA私物

PAGE 074-075
AKIRA：クラッシュジップジャケット¥23,940、ヒョウ柄スキニーパンツ(参考商品)／SEXY DYNAMITE LONDON、2WAY STUDS ROCKシフォンシャツ¥8,925／SEX POT ReVeNGe、AKIRA×Fatima designコラボドラゴンハートペンダント・Bahamut チェーン付き¥9,450(シルバー925製は¥29,400)／銀時原宿本店、靴／AKIRA私物
翠：AKIRA×Fatima designコラボ ドラゴンハートペンダント・Leviathanチェーン付き¥9,450(シルバー925製は¥29,400)／銀時原宿本店、その他／AKIRA私物

PAGE 078-079
ワッペン付きファーフードジップカーデ¥9,975、シフォンアップリケ刺繍入りブラウス¥11,865、ヒョウ柄サルエルパンツ¥12,915／ALGONQUINS、ブーツ／AKIRA私物

PAGE 080-081, 088-091
ブルゾン¥12,600／monomania laforet 原宿、ツインスカルビッグTシャツ¥9,975／STIGMATA、レギパン¥5,775、ネックレス¥3,990／GOAST OF HARLEM 渋谷店、靴／AKIRA私物

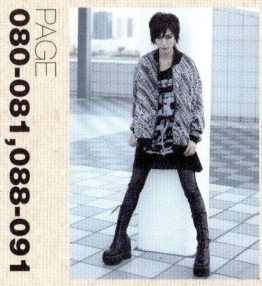

PAGE 082
2WAY BLACK FUNNYカーディガン¥6,990、HARD SLASH アシンメトリーカットソー¥7,980、BLACK ROCK シフォンストール¥4,900／以上SEX POT ReVeNGe、プリーツガウチョパンツ¥12,915／ALGONQUINS、アクセサリー／AKIRA私物

PAGE 083
ロングジャケット(参考商品)／ALGONQUINS、HARD SLASH アシンメトリーカットソー¥7,980／SEX POT ReVeNGe、AKIRA×Fatima designコラボドラゴンハートペンダント・Bahamut チェーン付き¥9,450(シルバー925製は¥29,400)／銀時原宿本店、パンツ(Sixh.)、靴／AKIRA私物

PAGE 084-085
グランジPUNKオパールパーカー¥7,500／SEX POT ReVeNGe、タイ付きドレープドットシャツ¥11,865／ALGONQUINS、ネックレス、パンツ(UP-STAIRS)、靴／AKIRA私物

PAGE 086-087
ウィッチロングパーカー¥22,890／STIGMATA、DAMAGEロックフレアカットソー¥7,980／SEX POT ReVeNGe、フラップ付きパンツ¥13,965／ALGONQUINS、チョーカー、靴／AKIRA私物

PAGE 096
ファーハット(白)¥14,300(スピリット フーズ)／メークリッヒ、ネックレス、スタイリスト私物

SHOP LIST

ATERIER BOZ新宿店
☎03-3225-6008
住所:東京都新宿新宿3-1-20新宿マルイワン7F
http://www.boz.ne.jp/

ALGONQUINS（アーミッシュ）
☎03-3477-8600
住所:東京都渋谷区神泉町19-1（プレスルーム）
http://www.algonquins.co.jp/

アルテミスクラシックTOKYO
☎03-6438-1073
住所:東京都渋谷区神宮前3-24-5
http://www.artemisclassic.com/

ヴィレッジ 原宿
☎03-3405-8528
住所:東京都渋谷区神宮前3-24-3 桑原ビル2F
http://www.village-shop.jp/

エル
☎03-6419-0015
住所:東京都港区南青山5-2-15 ヴィオレ南青山MB1F
http://planetnations.com/_L/

かんざし屋山口
☎03-3700-2625
住所:東京都世田谷区用賀4-5-3 鈴木ビル202&203号室
http://www.kanzasi.co.jp/

危機裸裸商店
☎03-3463-7449
住所:東京都渋谷区桜丘3-7 山口ビル2F
http://www.kikirarashoten.com/

銀時原宿本店
☎03-3401-7832
住所:東京都渋谷区神宮前3-24-5 NIXビル2F
http://gintoki.jp/

MIDAS（グラブ）
☎03-3478-9855
住所:東京都渋谷区千駄ヶ谷2-8-8
http://www.rakuten.ne.jp/gold/midas/

GHOST OF HARLEM 渋谷店
☎03-5728-0805
住所:渋谷区宇田川町12-17 プロトビル1F
http://www.harlem-japan.com/pc/index.html

GOLLEY'S
☎03-3401-7246
住所:東京都渋谷区神宮前3-27-15
http://www.furugi.com/index.html

STIGMATA
☎03-6407-9464（ZAZI）
住所:東京都渋谷区西原3-23-11（ZAZI/本社）
http://www.zaji-online.com/

SEXY DYNAMITE LONDON
☎03-6407-9464（ZAZI）
住所:東京都渋谷区西原3-23-11（ZAZI/本社）
http://www.zaji-online.com/

SEX POT ReVeNGe
☎03-3863-3996（STAY FREE）
住所:東京都台東区浅草橋2-24-1 萌邑ビル（プレスルーム）
http://www.sexpot.jp/

せーの
☎03-5734-1414
住所:東京都目黒区東山3-8-1 東急池尻大橋ビル2F
http://ceno.jp/

JURY BLACK
☎03-3770-6969
住所:東京都渋谷区神南1-8-8
http://juryblack.co.uk/

despair
☎0120-549-829
http://despair-atenari.com/

原宿シカゴ 表参道店
☎03-3409-5017
住所:東京都渋谷区神宮前6-31-21 オリンピアネックスビルB1F
http://www.chicago.co.jp/

FERNOPAA 新宿アルタ店
☎03-3353-7271
住所:東京都新宿区新宿3-24-3 新宿アルタ5F
http://05.xmbs.jp/fernopaa/

BABY,THE STARS SHINE BRIGHT
☎03-5468-5491
住所:東京都渋谷区東3-26-3 小林ビル203（プレスルーム）
http://www.babyssb.co.jp/

メークリッヒ
☎044-299-6622
住所:神奈川県川崎市高津区諏訪3-18-5 ドエルウイング107
http://spirithoods.com/

monomania laforet 原宿
☎03-6434-9580（ヒューマンフォーラム）
住所:東京都渋谷区神宮前1-11-6 ラフォーレ原宿B1F
http://www.monomania-web.com/

STAFF

おのD-
カメラマンさん

小竹さん
メイクさん

ナミっきー
メイクさん

きたちゃん
メイクさん

チーバー
スタイリストさん

みはしさん
編集さん

まいまい
編集さん

あらいさん
デザイナーさん

ななさん。
マネージャーさん

AKIRA
監督

MAKING

本書の撮影の舞台裏をちょこっと紹介。
いろんなAKIRAを見せられるように頑張りました!

PROFILE

AKIRA
アキラ（モデル、女優、バンドDISACODEのヴォーカル）

生年月日	2月15日
出身地	千葉県
星　座	水瓶座
血液型	A型
身　長	168cm
靴のサイズ	24.5cm

特　技	料理
趣　味	マンガ・アニメを見ること
学　歴	フェリス女学院大学 音楽学部音楽芸術学科卒業

2008年よりファッション誌「KERA」のモデルを始める。
モデルの他にも、舞台やテレビなど幅広い分野で活躍中。
近況や詳しい情報は下記サイトへ。

BLOG　http://ameblo.jp/akiriot
Twitter　https://twitter.com/dis1akira

AKIRA
2013年3月1日　第1刷発行

著　者　AKIRA
発行人　蓮見清一
発行所　株式会社宝島社
　　　　〒102-8388
　　　　東京都千代田区一番町25番地
　　　　営業03-3234-4621　編集03-3239-2508
　　　　http://tkj.jp
　　　　振替　00170-1-170829　（株）宝島社
印刷・製本　図書印刷株式会社

本書の無断転載・複製を禁じます。
乱丁・落丁本はお取り替えいたします。

©TAKARAJIMASHA 2013　Printed in Japan
ISBN978-4-8002-0510-0